AF602207

NOTICE

SUR

L'AMÉLIORATION

DES

TROUPEAUX DE MOUTONS

EN FRANCE;

PAR M. G.-L. TERNAUX AINÉ,

Officier de la Légion-d'Honneur et du Lion de Belgique, Manufacturier et Propriétaire à Saint-Ouen, Ex-Député, Membre du Comité des arts mécaniques de la Société d'Encouragement pour l'industrie nationale; du Conseil général des manufactures; Vice-Président de la Société élémentaire et de la Société de la Morale chrétienne, Membre des Sociétés royale et centrale d'agriculture de Paris, de celles de Lyon, Boulogne, Dunkerque, Poitiers, Châlons, etc.

Se vend 1 fr. au profit de la Société pour l'Instruction élémentaire.

A PARIS,

CHEZ Mme. HUZARD (née VALLAT LA CHAPELLE), Libraire, rue de l'Éperon-Saint-André, n°. 7;
SAUTELET, Libraire, place de la Bourse;
DELAUNAY, Libraire, Palais-Royal, Galerie de bois.

1827.

NOTICE

SUR L'AMÉLIORATION

DES

TROUPEAUX DE MOUTONS EN FRANCE.

IMPRIMERIE DE Mme. HUZARD (NÉE VALLAT LA CHAPELLE).
Rue de l'Éperon Saint-André, n°. 7.

NOTICE

SUR

L'AMÉLIORATION

DES

TROUPEAUX DE MOUTONS

EN FRANCE;

PAR M. G.-L. TERNAUX AINÉ,

Officier de la Légion-d'Honneur et du Lion de Belgique, Manufacturier et Propriétaire à Saint-Ouen, Ex-Député, Membre du Comité des arts mécaniques de la Société d'Encouragement pour l'industrie nationale, du Conseil général des manufactures; Vice-Président de la Société élémentaire et de la Société de la Morale chrétienne, Membre des Sociétés royale et centrale d'agriculture de Paris, de celles de Lyon, Boulogne, Dunkerque, Poitiers, Châlons, etc.

Se vend un fr. au profit de la Société pour l'Instruction élémentaire.

A PARIS,

CHEZ

Mme. HUZARD (née VALLAT LA CHAPELLE), Libraire, rue de l'Éperon-Saint-André, n°. 7;
SAUTELET, Libraire, place de la Bourse;
DELAUNAY, Libraire, Palais-Royal, Galerie de bois

1827.

PRÉFACE.

Un grand nombre d'agriculteurs praticiens et théoriciens ont écrit sur l'élève des bêtes à laine. Je ne sache pas qu'aucun manufacturier ait émis son opinion sous le double rapport de la production de cette substance filamenteuse et de son emploi. J'ai essayé de le faire dans une Notice que j'ai soumise à la Société d'Encouragement pour l'industrie nationale et à la Société royale d'agriculture. Le reproche obligeant que lui ont fait plusieurs membres d'être trop courte, m'a déterminé à en produire une nouvelle plus développée, qui cependant ne l'est peut-être pas encore assez en raison de l'importance du sujet; mais comme mon but est uniquement de fixer l'attention du cultivateur sur cet objet intéressant de la prospérité publique, pressé par le peu de temps que je puis consacrer à écrire, et retenu par la crainte de répéter ce qui a déjà été dit sur cette matière, je me suis déterminé à être sobre d'observations et de réflexions : leur insuffisance sera suppléée par les notes de M. Hennet, qui a fait une étude particulière des écrits de nos agronomes, et qui a eu la complaisance de m'aider dans mon travail en me communiquant ses recherches. Les lecteurs qui désireraient entrer dans plus de détails trouveront dans ses notes et ses citations des renseignemens plus circonstanciés que ceux que j'ai donnés.

INTRODUCTION.

De toutes les substances filamenteuses la laine est celle dont l'emploi est le plus ancien et le plus universel. A la vérité, le coton partage de nos jours cette importance dans la fabrication ; mais la laine lui est bien supérieure, ainsi qu'à la soie et au lin, tant sous les rapports de la qualité, de la chaleur et de la durée, que sous celui du nombre de bras qu'occupe le travail de cette substance, puisque c'est elle qui présente la plus grande variété d'étoffes aux vêtemens des deux sexes pour toutes les saisons, et qu'en outre ses produits rivalisent même avec avantage les autres dans les ameublemens.

Capable de recevoir mieux qu'aucun filament les couleurs les plus variées et les plus solides, la laine présente souvent presque autant d'éclat, toujours plus d'agrément dans l'usage, non-seulement sous le rapport de la solidité, mais encore sous celui de la santé, parce que, mieux qu'aucun autre, ses produits garantissent de l'intempérie des saisons et des variations de l'atmosphère. Ce sont ces propriétés qui font rechercher les étoffes de laine par les peuples du Midi comme par ceux du Nord.

Si ce filament est représenté sous la forme drapée ou feutrée, les hommes le préfèrent à toutes les autres étoffes pour habits, pour redingotes et pour tous vêtemens analogues; s'il est produit sous les formes rase, lisse ou croisée, on en fait des étoffes légères pour manteaux, jupons, schalls, et des tissus dits mérinos: les femmes s'en habillent par économie, en raison de sa durée. Mais ce sont les personnes qui attachent le plus d'importance à la conservation de leur santé, qui en recherchent particulièrement l'usage lorsqu'elles ont le moyen d'y mettre un prix un peu élevé, lequel devient de plus en plus modéré, par la perfection que l'on apporte journellement dans les arts industriels, et par le développement que prend l'agriculture, qui trouve dans les engrais donnés par les bêtes à laine un puissant moyen de multiplier ses productions.

Déterminé par des considérations d'utilité générale, abandonnant toute prétention d'auteur et me renfermant dans l'unique désir de contribuer au développement de notre agriculture et de notre industrie, je publie quelques observations que quarante années d'expérience m'ont fournies sur la production des laines et sur leur emploi. Cependant, je le répète, cette notice, bien qu'assez longue, ne peut être considérée comme un ouvrage achevé sur la fabrication des étoffes, non plus que sur l'élève des bêtes à laine, puisque, sous l'un et sous l'autre rapport, il serait très-incomplet.

En faisant ressortir le bien qui résulterait pour les cultivateurs français de l'amélioration de leurs laines; en leur expliquant l'emploi que l'on fait de cette substance; en démontrant les écueils qu'ont éprouvés ceux qui se sont engagés dans une fausse route, si je puis éviter à quelques-uns le même danger; si mes observations peuvent en déterminer quelques autres à secouer les préjugés d'une routine mal entendue et funeste; si enfin je suis assez heureux pour leur faire adopter un moyen de prospérité agricole dont les avantages se sont développés d'une manière si large et si incontestable dans plusieurs départemens de notre belle France, susceptible de s'embellir encore, je serai suffisamment récompensé.

NOTICE

SUR

L'AMÉLIORATION

DES

TROUPEAUX DE MOUTONS

EN FRANCE.

Dans l'Introduction je crois avoir démontré que les laines jouiront toujours, comme produit, d'une très-grande faveur. Il est facile aux agriculteurs de juger qu'indépendamment des avantages que leur procure l'élève des moutons, soit comme engrais, soit comme nourriture actuelle de l'homme, ils ne doivent pas perdre courage sous celui du rapport de la laine; et si quelques mauvaises années leur enlèvent une portion des profits que devrait leur assurer un prix plus élevé des toisons, il faut qu'ils redoublent d'attention pour obtenir ceux qui peuvent les en dédommager. Pour cela, ils observeront que deux conditions sont essentielles, le *poids* et la *qualité* de la toison; et ils apprécieront mieux cette dernière condition, quand ils sauront que la laine s'emploie de deux manières bien distinctes dans la fabrication des étoffes, et que ces deux manières sont opposées l'une à l'autre, ainsi que je l'expliquerai au chapitre VIII.

Avant d'entrer dans ces détails, quelques réflexions générales sur l'élève des bêtes à laine me paraissent nécessaires.

En agriculture comme en manufacture, la première nécessité à laquelle on doit rigoureusement se soumettre en continuant ses opérations selon la routine, à plus forte raison en suivant un nouveau système, c'est de calculer les dépenses et les recettes.

Il serait inutile de reproduire un précepte aussi ancien que la civilisation, si l'on ne voyait tous les jours autant de personnes, même parmi celles qui parlent le plus de son utilité, en négliger l'application. Soit difficulté d'établir avec exactitude la base des calculs, auprès de laquelle celle des chiffres n'est rien, soit légèreté, soit enfin entraînement vers la pensée, qui porte à exécuter sans examiner assez scrupuleusement le résultat probable ou éventuel des projets ou des innovations, qui ne paraissent simples souvent qu'en raison de ce que l'on a plus de complaisance pour ses idées, j'ai vu pendant toute ma carrière cette condition vitale de chaque entreprise tellement oubliée, que je crois devoir la rappeler en parlant de l'élève des bêtes à laine.

Combien d'agriculteurs, sur-tout en France, se sont trompés à cet égard depuis une trentaine d'années! Que de dépenses n'ont-ils pas faites pour l'amélioration de leurs troupeaux, qui sont restées improductives et leur ont même occasionné des pertes! Combien d'autres, frappés de ces pertes sans en approfondir les motifs par crainte, par paresse, par complaisance pour la vieille routine, par préjugés ou par entêtement, ont négligé les améliorations et s'obstinent encore à ne vouloir pas même essayer les croisemens, qui seraient d'un si grand rapport pour eux, en même temps qu'ils seraient si profitables à notre agriculture et à nos manufactures! Certainement, le perfectionnement des races de bêtes à laine en France est très-sensible; mais combien il est faible en comparaison de ce qu'il pourrait être! Dès-lors, combien il est utile de faire connaître les causes qui retardent ce perfectionnement et les moyens de l'accélérer! C'est ce que je vais tâcher de démontrer dans le chapitre suivant.

CHAPITRE PREMIER.

OBSERVATIONS SUR LE CHOIX DES TERRAINS PROPRES A L'ÉLÈVE DES BÊTES A LAINE.

Si la connaissance des terrains sur lesquels on veut établir une culture quelconque est une des plus importantes à acquérir; si cet objet est celui auquel on doit faire le plus d'attention relativement aux semences et à toute plantation, cette étude et ces observations ne sont pas moins indispensables pour le placement de l'espèce de bêtes à laine convenable à telle ou telle localité (*a*). Nous avons vu et nous voyons, tous les jours, les plus beaux troupeaux dépérir là où d'autres prospéreraient. Tel cultivateur augmentera sensiblement son revenu par le changement de race, tandis qu'un autre le verra décroître en suivant le même exemple, parce qu'il aura mal connu ou mal apprécié son terrain. Cette distinction est d'autant plus importante à établir et à faire connaître, qu'il n'y a pas en France un seul troupeau de bêtes à laine de race indigène qui ne soit susceptible d'une amélioration très-productive par des croisemens, soit avec les bêtes à laine longue, soit avec les bêtes à laine fine : tout dépend du choix bien approprié à la nature du sol et à la nourriture qu'il peut produire, comme je crois l'avoir démontré ailleurs (*b*).

Nul propriétaire ou fermier ne peut profiter personnellement et faire profiter l'Etat qu'en perfectionnant l'une des deux grandes divisions de bêtes à laine, et s'il ne fait un choix bien franc et bien tranché de l'une ou de l'autre espèce : il doit rechercher ou des mérinos produisant la laine superfine pour les étoffes drapées, dont l'origine est espagnole et dont le type le plus perfectionné se trouve actuellement en Saxe, ou adopter les fortes races produisant les laines longues,

---

(*a*) Voir la note (*a*) et les suivantes, page 561. Ces notes sont de M. Ternaux : elles appuient ses opinions en agriculture et en fabrication, et font connaître quelques-uns des projets qu'il a soumis au Gouvernement sous le ministère de M. le duc de Richelieu.

avec lesquelles se font les étoffes rases, dont l'origine est vraisemblablement dans l'Abyssinie ou en Afrique, mais dont le type le plus perfectionné est actuellement en Angleterre.

Il est bien reconnu aujourd'hui que pour élever facilement et avantageusement les races mérinos à laine superfine, il faut les placer sur un terrain sec, un peu maigre, où se trouvent des herbes fines et aromatiques provenant de prairies artificielles (1); la nourriture à la bergerie, dans la mauvaise saison ou dans les temps de pluie, leur est nécessaire; il est très-douteux que

---

(1) Les terrains les plus élevés, les plus en pente, les plus légers et les plus secs sont les meilleurs pour les pâturages des moutons. (DAUBENTON. *Instruction pour les bergers*, 5e. édition, page 145.)

On ne doit faire d'élève de bêtes à laine fine que sur des terrains bien sains; ceux qui présentent des pentes sont presque toujours préférables; l'herbe y est courte, rare, mais elle est substantielle et convient à la constitution du mouton, qui est molle et lâche. (GILBERT. *Instruction sur les moyens les plus propres à assurer la propagation des bêtes à laine de race d'Espagne*, p. 25.)

Nul doute que, dans les terrains montueux et dans ceux qui, quoique en plaine, sont secs, craïeux, sablonneux, le succès des moutons ne soit assuré. Quand le sol est partie en vallées, partie en coteaux, ils doivent encore mieux faire, parce que, suivant le temps et la saison, on les conduit dans un endroit ou dans un autre. (TESSIER. *Instruction sur les bêtes à laine*, p. 50.)

Les terres légères, graveleuses, sèches, bien aérées; les coteaux élevés et exposés au levant, sont les terrains sur lesquels les mérinos prospèrent le mieux, où ils sont le moins sujets aux maladies et où ils ont les toisons les plus fines. (LULLIN. *Observations sur les bêtes à laine*, p. 9.)

l'on puisse faire subir aux mérinos le régime propre aux races à laine longue, malgré ce que dit Daubenton (1), dont l'autorité est toujours respectable. Celles-ci ont besoin d'air et de liberté; il leur faut des herbes plus fortes, une nourriture abondante, fût-elle même un peu aqueuse (2), comme celle des betteraves et des turneps. Cette race peut même s'accommoder des prairies basses bordant la mer, les rivières ou les bois, qui, sans être fangeuses, sont naturellement un peu humides (3). En Angleterre, où cette race à longue laine ne va jamais à la bergerie, elle erre en liberté dans de grands vergers séparés de haies; elle broute quand et comme il

---

(1) Sur ses expériences faites à Montbar, en Bourgogne, en 1767 et années suivantes. (*Instruction pour les bergers*, 5e. édition, page 287 et suivantes.)

(2) Toutes les parties de notre territoire qui offrent des pâturages humides, où l'herbe pousse avec abondance, conviennent au mouton anglais; il y prospérera si l'on a soin de ne pas le placer sur des terrains fangeux où l'eau séjourne. (PERRAULT DE JOTEMPS, 5e. *Bulletin de la Société d'amélioration des laines*, p. 24.)

(3) Le voisinage de la mer et les grands marais offrent des ressources dont on ne tire maintenant qu'un faible parti.

Nous recommandons aussi comme localités les plus favorables à l'établissement de cette race, les fermes attenant à de grandes forêts des particuliers.

En ouvrant, en divers sens, des routes de trente et quarante mètres de largeur en ligne droite dans les bois en plaine, des chemins en pentes douces dans ceux en montagnes, les propriétaires de forêts obtiendront à-la-fois de plus beaux bois, de bons pâturages, et la possibilité de détruire les loups qui désolent les contrées boisées. (CORDIER. *Notice sur l'importation et l'éducation des moutons à longue laine*, p. 47,-48.)

lui convient (1); et n'étant jamais contrariée par le berger ou par les chiens, son instinct lui fait prendre sa nourriture lorsque le temps est favorable et l'herbe plus sèche : tandis qu'un mérinos conduit aux champs par le berger, qui l'y laisse plus ou moins de temps, commence par se rassasier, dans la crainte d'en sortir, et mange quand même l'herbe est fraîche et couverte de rosée. Alors, malheur au troupeau si le berger le mène pâturer avant que la rosée soit passée, ou si la pâture se prolonge jusqu'au soir lorsque cette même rosée commence à tomber (2).

---

(1) Les personnes qui ont visité l'Angleterre, et les auteurs qui ont écrit sur l'élève des longues laines dans ce pays, s'accordent à représenter ces animaux comme étant continuellement exposés aux intempéries des saisons et vivant dans une sorte d'état de nature.

(2) On ne redoute pas en Angleterre comme en France les inconvéniens de la rosée pour les troupeaux, quoique nos agronomes les plus distingués se soient tous accordés à signaler la rosée comme funeste aux bêtes à laine et les disposant à la cachexie. Il faut distinguer entre les moutons qui rentrent à la bergerie et ceux qui demeurent la nuit et le jour sur des terrains clos, où ils trouvent la nourriture qui leur est nécessaire, et peuvent la prendre dans tous les momens : ceux-ci, n'étant jamais pressés par la faim, ne mangent pas l'herbe mouillée, tandis que les autres ayant été parqués ou renfermés pendant douze à seize heures, selon les saisons, se jetteraient avec avidité sur des pâturages couverts de rosée et gagneraient infailliblement la pourriture. Les moutons anglais que l'on parquerait pendant la nuit et que l'on ferait sortir avant que la rosée fût dissipée seraient aussi sujets à la même maladie. Il faut donc, dans certains cas, suivre le régime anglais, et dans d'autres se conformer aux usages de France. (FLANDRIN. *Observations sur les moutons de l'Angleterre*, p. 33 et 34.)

Si un cultivateur, sans connaître ou sans étudier suffisamment les localités et les pâturages, substitue à la race indigène la race mérinos superfine lorsque son terrain est un peu humide et ses pâturages abondans, son troupeau s'engraissera très-vite, il sera attaqué de la cachexie ou pourriture, et de maladies analogues; il le perdra, et avec lui tous les sacrifices qu'il aura faits; tandis que s'il y a introduit des bêtes fortes, à longue laine, indigènes, et sur-tout anglaises, provenant de Leicester, Norfolck, Glocester ou Lincoln, son troupeau prospérera et il jouira de tous les avantages qu'il s'est promis. Dans le cas contraire, s'il a établi cette espèce de bêtes à laine longue sur un terrain sec, où la nourriture est rare, l'herbe fine, peu abondante, son troupeau maigrira, dépérira à vue d'œil et il ne pourra l'élever. Alors, au lieu d'avoir fait un changement profitable, il en aura fait un qui lui aura été coûteux et nuisible; mais s'il a su choisir des animaux de race fine, il pourra, en les soumettant au régime qui leur est propre, les élever avec succès et retirer du poids et du prix de la laine un produit très-considérable (1).

---

(1) Les pâturages ont aussi une grande influence sur la laine. En voici un nouvel exemple extrait de la *Convention des laines*, Leipsick, 1823, publiée par le célèbre M. Thaër, président de cette Société: cet ouvrage renferme les observations faites par les agronomes et les fabricans les plus distingués de l'Allemagne sur la race des mérinos dite *électorale*.

« Il existe en Saxe deux domaines appartenant au même » propriétaire, qui ne sont séparés que par une montagne » et une vallée. Le premier, sur un fonds très-chaud, est fer-

CHAPITRE II.

SUR LA QUANTITÉ ET SUR LA QUALITÉ DE LA NOURRITURE (1).

Le cultivateur, après avoir reconnu selon la nature de son terrain, sec ou humide, un peu aride ou fertile, l'espèce de bête à laine qui lui convient le mieux

» tile et favorable au trèfle rouge : les prairies et les pâtu-» rages sont magnifiques. Le terrain de l'autre domaine est » au contraire froid, pauvre et argileux : les prairies et pâ-» turages ne rapportent qu'une herbe maigre, courte et dure ; » ils ne contiennent pas de trèfle. Les moutons se portent » aussi bien sur l'un que sur l'autre domaine ; mais la laine » sur des individus d'une égale finesse a éprouvé une diffé-» rence remarquable. Dans le premier de ces domaines, elle » est plus souple et plus douce ; dans l'autre, elle est plus » rude et plus raide. On a plusieurs fois envoyé des moutons » d'un lieu dans l'autre, et chaque fois la laine a changé *. »

(1) M. Dailly, propriétaire de 5 à 600 beaux mérinos, a bien voulu communiquer à M. Ternaux et l'autoriser à publier le compte de nourriture de ses troupeaux. L'ordre qu'il a établi dans sa ferme de Trappes lui a permis de s'assurer de la consommation d'une année entière. D'après un calcul très-exact, la dépense se trouve être, pour le premier troupeau, composé de brebis, de 2 c. $\frac{56}{100}$ par 24 heures pour chaque bête, les agneaux y compris, depuis le 5 novembre, moment de l'agnèlement jusqu'au 20 avril, qu'ils ont formé

* Il eût été à désirer que l'on eût fait connaître, si, après les épreuves, le degré de finesse était resté le même, ainsi que le poids de la toison ; car, d'après notre opinion, la laine devait être plus abondante, mais un peu moins fine, sur le terrain riche.

d'élever, doit donner son attention à fournir à celle qu'il aura adoptée la nourriture suffisante, avec le moins de frais possible, non-seulement en disposant ses champs de manière à ce que le temps de la pâture se prolonge sans faire de tort aux autres cultures, mais encore à ajouter la quantité de fourrage ou d'alimens nécessaire pour le moment où la terre couverte de récoltes ou de neige ne permet pas de faire brouter l'herbe (*c*); en un mot, où l'on est forcé de tenir les bêtes dans la bergerie ou sous le hangar. Je crois inutile de détailler ici les différentes espèces d'herbages convenables aux moutons: elles sont parfaitement connues des fermiers (1); mais je les engage à consulter plus qu'ils ne le font en général les livres qui traitent cette matière à fond, et à se rendre compte par l'expérience pratique

---

le deuxième troupeau; et pour ce second troupeau, la dépense de chaque bête a été de 1 c. $\frac{34}{100}$ par 24 heures. (*Voir l'état des consommations à la fin de la Notice.*)

Dans ce calcul ne sont pas portés les dépenses de constructions et les frais de garde.

(1) Les observations suivantes faites par des agronomes allemands peuvent être utilement appréciées par nos cultivateurs :

« Les moutons nourris avec du foin présentent des toisons
» beaucoup plus volumineuses que ceux qui ont reçu une
» autre nourriture; mais en réalité elles pèsent moins.

» A poids égal, le trèfle sec n'est pas aussi substantiel que
» le foin, il peut occasionner des erreurs, à cause de son
» plus grand volume.

» On est revenu de l'erreur de croire que les pommes de
» terre crues sont préjudiciables aux moutons : mêlées avec
» de la paille et un peu de foin, cette nourriture est bonne
» pour l'hiver et ne nuit en rien à la laine. Le résidu de la
» distillation des pommes de terre peut être également
» employé. » (*Convention des laines de Leipsick*, 1823.)

de la nourriture, qui, proportionnellement à l'étendue du terrain, offre de l'avantage comparativement à la quantité et à la qualité que donne tel ou tel engrais.

Tandis que les pailles, les foins, les regains, etc., forment pendant l'hiver des fourrages bons et suffisans pour les bêtes à laine fine, les turneps, les betteraves, les pommes de terre et autres nourritures abondantes, grasses et un peu aqueuses, sont parfaites pour les bêtes à laine longue (1). Ainsi les alimens qui donneraient la cachexie ou pourriture aux bêtes à laine fine, conviennent très-bien aux bêtes fortes à longue laine, et la nourriture des premières serait trop maigre pour les secondes.

CHAPITRE III.

SUR LA QUANTITÉ RELATIVE DES BÊTES A LAINE QUE L'ON PEUT ÉLEVER.

Nihilo nihil, rien de rien : j'ajouterais que, vu la composition et décomposition des substances, quelque chose produit toujours quelque chose.

---

(1) Les navets ou turneps auxquels on ajoute un peu de foin forment pour ainsi dire la seule nourriture d'hiver des troupeaux en Angleterre. Telles sont l'abondance de cette récolte et l'étendue des terres qu'on y consacre annuellement, qu'on a constamment des turneps au-delà des besoins des animaux qui en font usage, et qu'on emploie le surplus à l'engrais d'autres bestiaux. (FLANDRIN. *Observations sur les moutons de l'Angleterre*, p. 35 à 36.)

Les bêtes à laine donnent trois produits bien distincts : l'engrais (1), la viande et la toison ; je ne parle pas du produit des os et de la peau : il est si mince que je crois devoir le passer sous silence ; d'ailleurs si

---

(1) M. Tessier, dans une des notes qui mettent en rapport avec les connaissances actuelles le *Théâtre d'agriculture*, d'Olivier de Serres, appuie ainsi l'opinion de ce grand agronome sur l'engrais des bestiaux.

« En ne considérant les bestiaux que sous le rapport de » l'engrais qu'ils procurent, ils sont de la plus grande uti- » lité. *Point d'engrais*, *point d'agriculture*, c'est une vérité » incontestable : quelque système que l'on adopte pour les » principes de la végétation, la multiplication des bestiaux » pour donner beaucoup d'engrais ne saurait être trop re- » commandée. Qu'à cet avantage inestimable on ajoute » leur valeur intrinsèque et les autres produits qu'on en » retire, on sentira combien le cultivateur doit être occupé » des moyens de les nourrir et de les entretenir. Parmi ces » moyens les parcages naturels sont les plus ordinaires. »

Effectivement le parcage des bestiaux, et particulièrement celui des moutons, est d'une grande importance dans une ferme : il évite les frais de transport du fumier et les pertes occasionnées lors du chargement, ainsi que pendant le trajet de l'étable au champ. Aussi les propriétaires instruits ont-ils grand soin, dans leurs baux avec leurs fermiers, d'établir pour condition expresse qu'ils entretiendront un troupeau de moutons, dont le nombre est ordinairement fixé en raison de l'étendue des terres.

Les anciens étaient tellement convaincus de la nécessité de renouveler les terres par le moyen des engrais qu'ils avaient fait un dieu qui présidait au fumier (*Pitumnus*, *Sterquilinus*, *Stercutus*), et aujourd'hui on ne peut douter que la prospérité agricole de l'Angleterre et des départemens de l'ancienne Flandre, ne soit due en grande partie à la multiplication des bestiaux et aux engrais de toute nature que les fermiers emploient.

la peau des moutons anglais a plus de valeur par son étendue, celle des mérinos est en plus grande quantité comparativement à la nourriture qu'exigent l'une et l'autre espèce, et, à cet égard, elle rentre dans la catégorie des deux premiers produits. Je ne considère pas non plus comme produit les élèves béliers ou brebis, puisque celui-ci est l'animal lui-même, et sous ce rapport, il est trop intéressant pour ne pas être traité dans un chapitre particulier.

On ne peut nier qu'un mouton anglais ou un mouton de forte espèce donne plus d'engrais et de viande qu'un mouton saxon ou un mérinos de petite taille; mais en donne-t-il plus ou autant relativement à la quantité de nourriture qu'il prend (1)? Voilà la question importante que nous avons à examiner et il paraît qu'elle est déjà résolue pour bien des cultivateurs praticiens et théoriciens, qui généralement conviennent que les grandes espèces consomment davantage (2), et prétendent, pour la plupart, que même c'est

---

(1) Un mouton d'une taille modérée a plus de propension à s'engraisser qu'un autre d'une taille plus haute. Plus le mouton est mal conformé, moins il profitera sur quelque pâturage que ce soit. Ces faits sont prouvés par M. Bakewell, qui a réuni à Dishley plusieurs races différentes pour s'en assurer. (ARTHUR YOUNG. *Cultivateur anglais*, t. XIV, p. 401.)

Tout animal qui a les os petits s'engraisse mieux, plus vite et à moins de frais que celui qui a de gros os. (*Idem.*)

(2) Cela est parfaitement juste; mais ce serait une erreur de croire que les brebis anglaises exigent une nourriture plus abondante que celles de Flandre ou de Picardie, considérées d'ailleurs comme grandes espèces. Mieux conformées, elles consomment moins et profitent davantage, sur-tout si on ne change rien à leurs habitudes, c'est-à-dire si on les

dans une proportion plus forte; c'est-à-dire que s'il faut 300 quintaux de paille ou de foin pour nourrir pendant un temps déterminé deux cents animaux de

---

laisse vivre en liberté dans un enclos où elles puissent manger et se reposer à volonté. L'expérience en a été faite à la Faisanderie des Moulineaux, près Versailles, petite ferme digne d'être prise pour modèle par les agriculteurs qui voudraient se livrer à l'élève des longues laines. Le propriétaire, homme instruit et observateur judicieux, s'était procuré plusieurs brebis picardes et flamandes pour le cas où quelques-unes de ses brebis anglaises, n'étant encore qu'antenoises, feraient deux agneaux et se trouveraient trop faibles pour les nourrir. Cette prévoyance fut justifiée. On jugea prudent d'ôter à plusieurs mères un de leurs petits et de les faire allaiter par les brebis indigènes. Ces dernières furent soumises au régime anglais: elles passèrent l'hiver sur des champs de navets ou sur des prés humides, mais non marécageux, et n'en furent nullement incommodées. La nourriture fut la même pour tout le troupeau, et cependant la différence du poids acquis pendant un espace de six mois fut d'un cinquième et plus en faveur des brebis anglaises. La cause doit en être attribuée à la disposition vraiment étonnante que la race créée par Bakewell a sur les autres moutons pour prendre la graisse, à la petitesse de ses os, et aussi je crois au repos dont jouissent les animaux soumis au régime anglais, repos qui leur permet une digestion facile, et qui ne les expose pas à perdre par des marches continuelles, en sueur et en fatigues, une partie des substances nutritives qu'ils ont pâturées.

Indépendamment de la facilité qu'elle présente pour s'engraisser, la race anglaise du Leicestershire est très-prolifique. Dans cette même ferme des Moulineaux, 16 brebis anglaises ont fait, cette année, 28 agneaux, dont 26 ont vécu et portent aujourd'hui des toisons superbes, quoique la plupart aient été nourris par la même mère.

haute taille, on nourrira avec cette quantité, pendant le même espace de temps, 3 à 400 moutons mérinos ou saxons de petite espèce; et cependant les 3 à 400 bêtes donneront autant et plus de viande en poids, autant et plus d'engrais que les 200 moutons plus forts. Il faut établir les calculs sur une donnée commune; car il en est des moutons comme des hommes : quelquefois de petits, toujours maigres (1), mangent plus que d'autres, grands et gros; mais il est constant qu'en général un individu d'une forte structure (2) consommera davantage qu'un individu de la même espèce, mais d'une taille plus petite. Admettons cependant qu'il y ait égalité, que la viande soit, sans égard au nombre d'individus, dans la proportion de la consommation : des calculs comparatifs ont établi qu'elle était de 2 $\frac{1}{2}$ pour 100; c'est-à-dire que si l'animal pèse 100 livres il consommera 2 livres $\frac{1}{2}$ de nourriture; un autre, pesant 150, consommera 3 livres $\frac{3}{4}$ et s'il ne pèse que 80, il ne con-

---

(1) Il y a des animaux, dit M. Bakewell, qui sont toujours maigres, malgré tous les soins qu'on prend pour les engraisser, et d'autres qui s'engraissent, quoiqu'on leur donne moins qu'à ceux qui sont maigres. (ARTHUR YOUNG. *Cultivateur anglais*, tom. XIV, p. 402.)

(2) M. de Barbançois, auquel M. de Trudaine fit obtenir en 1776 une partie des mérinos composant la première importation accordée par le roi d'Espagne à Louis XVI, est le premier qui ait observé que le poids de la toison n'est pas toujours en rapport avec celui du corps de l'animal, et que la quantité de nourriture qui est nécessaire à chaque bête est assez exactement, et sauf quelques différences individuelles, en rapport avec le poids de son corps. (MATHIEU DE DOMBASLE. 4e. *Bulletin de la Société d'amélioration des laines*, p. 12.)

sommera que 2 livres. Ce calcul, que chaque fermier peut vérifier, est très-important pour le choix de l'espèce que l'on veut élever, parce qu'il est prouvé que la toison appartient moins à la quantité de nourriture qu'à l'espèce d'animal qui l'a produite, et que la dépense de suint que fait le mouton pour fournir une laine grasse et longue est la même que celle employée pour une laine courte, fine et touffue.

C'est le moment d'examiner s'il est réel, comme plusieurs fermiers le prétendent, qu'il faille plus de nourriture pour élever des moutons mérinos laine surfine, que pour des moutons indigènes. Je ne le pense pas (1). Si quelques personnes prétendent qu'il en faut davantage, d'autres pensent le contraire, et entre toutes les assertions contradictoires le plus grand nombre s'accorde sur ce qu'un excédant de nourriture n'est pas nécessaire, et qu'il peut y avoir égalité. Pour en juger, examinons d'où vient ce préjugé.

L'excessive cherté des mérinos, sur-tout dans l'origine, a porté les cultivateurs à donner à ces ani-

---

(1) En général, par-tout où l'on entretient des bêtes à laine commune, on peut entretenir des mérinos; au lieu d'un troupeau qui n'a que très-peu de prix, on a l'avantage d'en avoir un d'une grande valeur. (TESSIER. *Instructions sur les bêtes à laine*, p. 30.)

Le choix de la race mérinos devient avantageux par-tout où les pâturages, ne donnant pas lieu à la cachexie, sont suffisans pour nourrir, sans la laisser dépérir, une brebis mérinos du poids de la brebis commune. (GASPARIN. *Mémoire sur l'éducation des mérinos, comparée à celle des autres races de bêtes à laine, dans les diverses situations pastorales et agricoles*, p. 99.)

maux une nourriture plus abondante et meilleure qu'aux moutons indigènes; elle était proportionnée, d'un côté, au cas qu'ils en faisaient, et afin d'être plus certains de les conserver en bonne santé; de l'autre, pour leur faire produire plus de laine, sans se rendre bien compte néanmoins par l'expérience si le moyen était nécessaire, même utile et dans leur intérêt. C'est après une longue suite de remarques et d'essais que l'on s'est assuré que pendant les années où les troupeaux ont été le plus mal nourris, les laines étaient plus fines et plus faciles à filer que si un hiver doux et des pâturages plus gras avaient permis de les nourrir plus abondamment; enfin il est constant que les animaux malades (1) fournissent une laine bien inférieure en quantité, mais plus fine et plus facile à travailler que celle des mêmes animaux bien portans. Comme manufacturier, j'ai été à même de vérifier et de constater ce fait.

Une seconde raison qui a pu faire croire mal à propos qu'il faut une nourriture plus abondante pour les mérinos que pour les bêtes indigènes, c'est que beaucoup de cultivateurs, presque tous même, ont disposé leurs croisemens de mérinos pour obtenir des animaux de la plus grande et de la plus forte espèce, sans se douter ou s'apercevoir que la finesse de la laine est, à un certain point, incompatible avec la haute taille de l'animal (2). Je pourrais citer vingt

(1) La laine du mérinos s'affine à mesure qu'il succombe sous les atteintes de la maladie ou de la vieillesse. (PERRAULT DE JOTEMPS. 3e. *Bulletin de la Société d'amélioration des laines*, p. 6.)

(2) Cette question, long-temps discutée par nos agrono-

troupeaux dans les départemens de l'Oise et de Seine-et-Marne dont les laines étaient classées chez moi, comme première qualité, valaient 2 francs la livre en suint, et qui, quelques années après, ont été rangées dans la troisième, valant 1 fr. 50 c. ou 25 pour 100 de moins. A la vérité, les toisons étaient plus fortes; mais elles ne pesaient pas 25 pour 100 de plus : d'où il résulte que les cultivateurs, au lieu de viser à la taille des animaux, auraient mieux fait de rechercher le nombre possible à élever; ils eussent eu la même quantité d'engrais et de viande pour la même masse équivalente de fourrage, et des laines beaucoup plus fines, vendues à un prix plus élevé.

Il faut aussi faire attention de ne donner aux bêtes à laine que la nourriture qui convient à leurs facultés digestives, plutôt que de s'en rapporter à la quantité, attendu que l'animal ne prend généralement que ce

---

mes, paraît enfin résolue. On pense généralement que la finesse de la laine ne peut s'allier à la haute taille, aux formes et au poids des toisons chez les mérinos, et l'on cite pour exemple, à l'appui de cette opinion, les troupeaux perfectionnés de Saxe et celui de Naz. Cependant si, comme l'a conseillé M. de Mortemart-Boisse, en choisissant des étalons de petite taille et de superfinesse pour les livrer à la lutte des brebis de taille qui réunissent au plus de finesse possible des formes annonçant la vigueur et la longévité, on obtenait une race moyenne où la finesse serait remarquable et laisserait peu à désirer aux fabricans, l'amélioration aurait fait un grand pas. Des propriétaires, tels que MM. de Jessaint, de Châteauvieux, J.-J. Bernard, Salmon, etc., ont eu la même pensée que M. de Mortemart-Boisse et possèdent aujourd'hui des troupeaux superbes, dont la laine, malgré la baisse, a conservé un prix élevé.

dont il a besoin; tandis que, faute d'une espèce d'aliment, il est obligé d'en prendre une autre, dont il profite moins et qui peut lui être nuisible.

CHAPITRE IV.

SUR LA FORMATION ET LA QUALITÉ DE LA LAINE.

En théorie, on sait que pour former les os, partie la plus compacte et la plus solide chez les animaux, il faut plus de temps, une masse de nourriture plus grande que pour former la chair et la graisse. On l'estime dans la proportion de 1 à 100; mais je laisse à la physiologie et à l'ostéologie le soin de commenter ce rapport proportionnel. Il suffit d'apprécier un fait qui paraît constant, c'est que la cornée est un commencement d'ossification, d'où il résulte qu'il faudrait plus de suint pour former un filament de grosse laine, dont la cornée ou le tube est plus épais, que pour en former deux, peut-être trois, plus minces et plus fins. Si on examine un filament au microscope, on reconnaîtra aisément que la laine est un tube (1), dans lequel s'infiltre la transpiration ou le suint de l'ani-

(1) M. Perrault de Jotemps, dans son excellent ouvrage *sur la laine et les moutons*, p. 2 et 4, a traité le même sujet avec un talent très remarquable. Son opinion sur le brin de laine et sa nature a beaucoup de rapport avec celle de M. Ternaux. Aussi nous empressons-nous de la citer ici.

« Le brin de laine, dit-il, est un filet d'une substance so- » lide, sorte de mucus durci, auquel s'unit une matière

mal (*d*); que ce suint est poussé par la chaleur vers l'extrémité de ce tube et qu'il passe de l'état liquide à l'état solide ou osseux, lorsqu'il est en contact avec l'air : d'où l'on peut conclure que la laine a plus de force, d'élasticité, de fermeté lorsque l'animal est élevé en plein air comme le sont les races anglaises, que s'il était, à l'exemple des races saxonnes mérinos, nourri à la bergerie, où la laine acquiert plus de douceur, de finesse et de moelleux.

A part les comparaisons que l'on peut faire à ce sujet entre les races anglaises à longue laine et mérinos à laine fine, parmi ces dernières il y a encore une différence bien sensible à établir. Quoique de même origine, autant les laines espagnoles ont de force et d'élasticité, autant les laines saxonnes sont tendres et molles; ce qui provient sans doute de ce que, indépendamment de l'élève en plein air de la race espa-

---

» huileuse ou savonneuse... Il prend naissance dans le tissu » cellulaire qui se trouve sous la peau. Son berceau est un » bulbe, tantôt rond, tantôt ovale, que la circulation remplit d'une humeur visqueuse, qui lui sert de nourriture. » Ce bulbe se compose de deux membranes, l'une externe, l'autre interne, qui enveloppent immédiatement la » racine du brin. Cette racine s'avance vers l'ouverture de » la peau, qui doit servir de passage à ce brin et se sépare » alors de la membrane extérieure du bulbe; le brin, » arrivé à l'épiderme, le soulève sans le percer, et s'en fait » une gaîne qui s'unit étroitement à l'enveloppe que lui avait » fournie la membrane intérieure du bulbe. »

Cette définition ingénieuse du brin de laine ne détruit pas les observations que M. Ternaux soumet aux physiologistes : elle vient au contraire les corroborer et réclame toute leur attention.

gnole, la chaleur du ciel brûlant de l'Espagne contraste avec la fraîcheur des nuits; qu'ainsi la cornée ou l'ossification se faisant plus brusquement par le passage rapide du froid au chaud, les chaînons formant le brin, étant plus ramassés, ont plus d'élasticité et de ressort que chez les animaux de race électorale, jouissant, au moyen de la bergerie, d'une température plus égale. J'observerai en outre que ce filament se termine toujours en pointes plus aiguës dans les laines molles des mérinos du Nord que dans les laines élastiques des mérinos du Midi.

CHAPITRE V.

DE L'HABITATION DES BESTIAUX.

Si la bergerie est utile et nécessaire dans nos climats, lors des hivers rigoureux, pour la sûreté et la conservation des bêtes délicates à laine fine, elle ne convient point aux bêtes à laine longue, telles que celles d'Angleterre, qui, élevées constamment à l'air libre, n'en sont que plus fortes, plus vigoureuses et fournissent de meilleurs produits pour le peigne. C'est un fait constant que la bergerie nuit à la qualité de la laine longue non-seulement en lui ôtant sa blancheur et son lustre, mais encore en l'amollissant, l'attendrissant et la privant d'une partie de son ressort. Pour conserver à cette laine ses propriétés, il faut placer la race anglaise sous des hangars ou la laisser toute l'année, jour et nuit aux champs, comme on le pratique en Angleterre (1), où l'on épargne non-seulement la dépense des bergeries, mais encore la garde des troupeaux, qui généralement coûte 3 fr. par tête, et est l'une des plus fortes dépenses que leur éducation occasionne; un autre avantage résulte encore de cette méthode de faire pâturer les bestiaux dans les terrains clos de haies (2), c'est celui de ne rien perdre de leur précieux engrais. Il est à remarquer que c'est le plus souvent en sortant de la bergerie ou en y rentrant que l'ani-

(1) Abandonné dans des champs entourés de haies, on ne voit jamais le mouton anglais réuni en troupeau; il vit où il veut; il paît ou se repose. Toute l'année, il reste dehors, malgré la pluie, la neige ou le froid; il ne craint ni la rosée ni le brouillard. C'est à cette existence indépendante, à l'action de l'air auquel il est toujours exposé, à cette humidité constante de la terre ou des prairies dans lesquelles il passe sa vie, que l'on attribue l'abondance de sa toison, le lustre de sa laine et cette blancheur, cette souplesse qui la distinguent éminemment de toutes les laines de moutons qui vivent plus réunis et qui sont soumis au régime des bergeries. (D'AUTREMONT. 1er. *Bulletin de la Société d'amélioration des laines*, p. 44.)

(2) Le système des clôtures, long-temps combattu par des agronomes distingués, a enfin triomphé dans les comtés agricoles de la Grande-Bretagne. Aujourd'hui les champs du Leicestershire, du Lincolnshire, etc., sont par-tout divisés par des haies vives, qui forment une multitude de clos ordinairement de 3 à 8 acres, où des troupeaux de bestiaux pâturent nuit et jour. Les fermiers y trouvent le double avantage d'économiser les dépenses de constructions, les frais de garde, d'engraisser leurs terres sans transport ni perte de fumier, et de garantir leurs troupeaux de maladies contagieuses.

On ne saurait trop recommander aux propriétaires qui se livrent en France à l'élève des longues laines de suivre l'exemple des éleveurs anglais.

mal répand cet engrais, qui, tombant dans les chemins, se trouve perdu. Au surplus, on ne peut jamais trop recommander de donner par le haut beaucoup d'air aux habitations des troupeaux : une ouverture de 6 pouces dans tout le pourtour d'une bergerie me semble être ce qui convient le mieux; elle dispense de vitraux, de volets, et depuis huit à neuf ans, je me trouve très-bien de celles que j'ai fait construire dans ce genre à Saint-Ouen (*e*). Les étrangers et les cultivateurs qui les visitent sont surpris de voir que les animaux n'y soient pas plus renfermés. Il faut d'ailleurs observer que ce genre d'habitation, dont la construction est très-économique, permettrait, lors d'un hiver rigoureux, de fermer les ouvertures avec des toiles ou des paillassons, ou même des bottes de paille que l'on pourrait descendre ensuite dans le râtelier. Mais quelque bien établie que soit la bergerie, il convient encore mieux de faire parquer les animaux lorsque la saison le permet, et toujours le plus long-temps possible. Je suis persuadé que les Anglais retirent un grand profit d'abandonner les moutons à eux-mêmes dans une clôture.

En Saxe, où l'on recherche les laines fines, on met autant de soin à nourrir pendant long-temps les animaux à la bergerie qu'en Angleterre on en apporte à les tenir dehors toute l'année. On suit en France un système intermédiaire, qui a des inconvéniens et des avantages : ce sont leurs conséquences qu'il faut peser selon le local que l'on habite et l'espèce de bêtes à laine que l'on élève. J'observerai toutefois que, dans les champs, les maladies contagieuses, et particulièrement la gale (*f*), font moins de ravages que dans la bergerie.

CHAPITRE VI.

SUR LE PRODUIT DES BÊTES A LAINE RELATIVEMENT A LEUR CROÎT.

Soit que l'on considère la toison d'une bête à laine fine saxonne ou celle d'une race anglaise à laine longue comme un produit principal ou auxiliaire de celui que donnent la viande et l'engrais, toujours est-il vrai qu'on doit faire entrer pour beaucoup dans le revenu la reproduction, c'est-à-dire les croîts, dont on fait la vente dans les pays où il y a tout à améliorer, et pour peu de chose dans ceux où la généralité des troupeaux a atteint un degré de perfection qui laisse peu d'espérance pour le placement des animaux de choix, lesquels doivent par conséquent finir par être engraissés et aller à la boucherie comme les autres. Il résulte de ces deux circonstances que les cultivateurs qui améliorent les premiers leurs troupeaux (1) dans les contrées où ce perfectionnement

(1) Le choix des béliers pour la monte mérite toute l'attention des propriétaires qui veulent améliorer leurs troupeaux. Dans les pays agricoles, en Angleterre sur-tout, on est tellement persuadé de cette vérité que des béliers à laine longue ont été loués pour une saison jusqu'à 2 et 300 louis. En Saxe, où les mérinos ont atteint un haut degré de perfection, le prix des béliers est très-élevé. MM. les propriétaires du troupeau de Naz vendent encore les leurs 1000 et 1,200 francs, et il y a quelques années seulement qu'aux ventes de Rambouillet des béliers ont été poussés, dans la

n'existe pas encore, en retirent un avantage plus considérable, à cause de la vente du croît, en raison de ce que l'intérêt, aidé du temps, finit toujours par triompher des préjugés, et que le paysan, sur lequel les meilleurs écrits et les plus éloquentes paroles ne font rien, finit par ouvrir les yeux lorsqu'il voit son voisin, placé dans la même position que lui, faire des profits plus considérables que les siens, quand il pourrait se les procurer lui-même (*g*). L'exemple est décisif en pareilles circonstances, il est pour ainsi dire seul puissant : or, il est constant qu'une toison de laine fine obtiendra toujours un plus haut prix que celle de laine commune, comme nous allons le démontrer au chapitre suivant.

---

chaleur des enchères, à 3,000 et quelques cents francs. Ces exemples prouvent qu'on ne saurait trop s'attacher à produire de beaux animaux, et ceux de MM. les propriétaires qui voudront se procurer des béliers de premier choix mérinos ou anglais en seront toujours amplement récompensés par la vente avantageuse de leurs produits en croît et en laine.

Mais un propriétaire doit, avant de faire l'acquisition d'un bélier de haut prix, calculer si l'amélioration qui en résultera pour son troupeau l'indemnisera des frais de débours; celui qui donnerait un bélier de Naz ou de race électorale à des brebis indigènes ou provenant d'un premier croisement ferait une mauvaise affaire; il en ferait une très-bonne si son troupeau avait déjà atteint un certain degré de perfection. Dans le premier cas, de beaux béliers mérinos suffisent, dans le second c'est la superfinesse qu'il faut rechercher.

CHAPITRE VII.

SUR LE PRODUIT DES TOISONS DES BÊTES A LAINE.

Si on excepte la toison des races anglaises, qui forment une catégorie à part, il est certain que toujours une toison venant d'une race pure vaudra davantage que celle d'une race commune, ne fût-ce que par son poids, qui sera plus fort, et pour s'en convaincre, il faut considérer qu'une toison de race commune de France ne pèse jamais plus de 5 livres ou 2 kilogrammes $\frac{1}{2}$; que beaucoup ne pèsent que 3 livres, même un seul kilogramme, et quelquefois moins; tandis, au contraire, qu'il n'y a point de métis qui, après le premier croisement, ne donne 6 livres ou 3 kilogrammes, et que plus communément encore le poids est de 8 livres ou 4 kilogrammes. C'est une observation que j'ai faite pendant plusieurs années sur plus de 30 ou 40,000 toisons de chaque espèce lavées à mon lavoir de Saint-Ouen.

Il résulte de ce fait que le prix de la laine fine ne fût-il pas plus élevé que celui de la laine commune, il y aurait toujours un grand avantage à améliorer la race, par considération pour le poids de la toison; mais il n'en est pas ainsi, et bien certainement la laine fine se vendra toujours plus cher que la laine commune, en raison de ses propriétés.

CHAPITRE VIII.

DE L'EMPLOI DE LA LAINE.

Le plus grand emploi des laines se fait pour les étoffes drapées et feutrées, et ces étoffes, exigeant le travail préparatoire de la carde pour la filature, demandent des laines très-fines, douces et même courtes, parce que c'est par les bouts que les filamens s'enchevêtrent les uns dans les autres, qu'ainsi étant plus multipliés ils se trouvent mieux disposés pour l'action du feutrage ou de la foulerie et capables alors de faire des draps plus garnis de poils serrés les uns contre les autres, et conséquemment des draps fins à l'œil, doux, moelleux et brillans, imitant un poli parfait. Voilà pourquoi les chapeliers préfèrent pour leurs feutres des agnelins, des laines courtes et luisantes, des laines de vigogne, de Cachemire, qui se rapprochent davantage des poils de castor, de lièvre ou de lapin. Le fabricant d'étoffes feutrées ou foulées, particulièrement celui qui veut faire du drap de qualité supérieure, doit donc préférer la finesse dans la laine à toutes ses autres qualités, puisque, par ce moyen, il présentera dans un plus petit espace une plus grande quantité de pointes et garnira plus tôt et plus abondamment la superficie de son drap. En effet, dès-lors on n'est plus obligé de multiplier le chardon pour garnir l'étoffe, lui donner de la douceur et du brillant; on n'est plus contraint de couper les brins aussi longs lors de la tonte du drap, opérations indispensables pour obtenir la finesse. On sait que la réunion de ces conditions d'un beau drap ne s'acquiert qu'aux dépens de la force et avec le sacrifice de la matière même, et que le trop grand emploi de ces moyens par les apprêts rend aussi la fabrication plus dispendieuse. La nécessité de briser la laine avec les machines, loups ou cardes, étant démontrée, on doit conclure que pour la fabrication des draps la laine courte est préférable à la laine longue; et c'est depuis que cette vérité est plus généralement reconnue, que la draperie s'est perfectionnée. Il est superflu d'ajouter que l'on ne peut faire du drap fin qu'avec de la laine fine; qu'ainsi ce produit sera recherché autant que l'autre continuera de l'être.

Le second emploi de la laine est aussi très-considérable, quoique moins étendu; il comprend les étoffes de laine rase, telles que les burats, les étamines, les bouracans, les marocs pour doublures, voiles de religieuses, popelines, bombasins, étoffes rayées pour gilets, flanelles, et schalls dits mérinos; mais pour ce dernier genre de tissu la laine exige des modifications particulières. Ainsi, pour faire les étoffes rases avec perfection, on doit éviter l'enchevêtrement des brins de laine avec autant de soin qu'on le recherche pour les étoffes drapées. Pour y parvenir on fait peigner la laine avec soin : cette opération consiste à ranger parallèlement les filamens en les étirant avec de longs peignes (*h*) que l'on fait chauffer. Au moyen de l'électricité que la chaleur leur donne, on les rend plus raides, plus droits et mieux disposés à séparer toutes les parties courtes que l'on retire sous le nom de peignons ou de blouze (*i*). Ces débris sont très-propres ensuite pour la carde, c'est-à-dire pour des étoffes drapées ou feutrées : aussi le travail du peignage a-t-il pour but de séparer les parties longues et nerveuses des parties courtes de la toison, afin que, se prêtant une force mutuelle, elles puissent facilement se filer et présenter à l'œil un tissu d'un grain plus fin et plus serré. Les cultivateurs sentiront aisément d'après cela que plus la laine est haute (*j*), plus elle doit être recherchée, parce que, pour les étoffes rases, la finesse du brin a beaucoup moins d'importance que la longueur. On doit conclure de là que ceux qui feraient croiser des animaux à laine fine et courte avec des animaux à laine longue et plus grossière, c'est-à-dire des races saxonnes ou mérinos français avec des races anglaises, feraient une mauvaise combinaison (1). Cependant il existe à cette règle une exception, comme nous l'avons dit ci-dessus pour l'étoffe dite mérinos, à laquelle on a assez généralement donné le nom de tissu Ternaux (2). Sa fabrication, qui est devenue très-importante, sera toujours mieux

(1) Les meilleurs croisemens opérés jusqu'à ce jour ont été ceux de béliers anglais avec des brebis de Flandre, de Picardie ou d'Artois. La laine de ces espèces est à-peu-près la même quant à la longueur; mais celle des brebis manque de finesse et de brillant; elle acquerra promptement ces qualités si on les fait sauter par des béliers du Leicestershire, et si on les soumet à l'action de l'air comme les races anglaises. M. Ternaux et M. le comte de Turenne ont fait en ce genre des essais qui ont eu les plus heureux résultats.

A l'imitation de madame la comtesse du Cayla, M. Ternaux a fait venir d'Égypte six béliers et brebis dont les toisons sont fortes, la laine longue et brillante. Il se propose de les faire croiser avec nos races indigènes.

(2) La beauté des draperies des bas-reliefs grecs du Muséum avait frappé M. Ternaux. Elle lui donna l'idée que les anciens portaient des tissus supérieurs aux nôtres, et que la laine

faite avec des laines qui réuniront la longueur et la finesse à un certain degré; mais cette étoffe est la seule entre toutes les autres, qui demande la réunion des deux conditions, et comme cette exception peut paraître extraordinaire aux cultivateurs et à toutes les personnes

---

travaillée autrement pourrait produire la souplesse et le moelleux des contours qu'il avait remarqués dans ces draperies. Il essaya d'en fabriquer de semblable. On doit à ses tentatives, à ses essais multipliés l'étoffe dite *mérinos*.

Il choisit sa manufacture de Reims pour exécuter ses projets, et conjointement avec MM. Jobert, Lucas, ses associés, ils parvinrent, non sans beaucoup de peine, à créer un tissu fin, souple et moelleux, en employant pour la chaîne la filature qui servait au remplissage des flanelles, et pour la trame un numéro plus doux et plus fin encore.

La première année, en 1799, on se borna à faire soixante-douze schalls; la seconde, en 1800, on en fit trois cents; la troisième, en 1801, le nombre en fut porté de quinze à dix-huit cents; enfin, en 1802, il fut de six mille, et les années suivantes de trente à quarante mille.

Ce fut alors que d'autres manufacturiers de Reims fabriquèrent des tissus mérinos, et pour les vendre au rabais, ils en dénaturèrent la contexture. Cette dernière raison, bien plus que le désir de conserver seuls la jouissance de leur brevet d'invention, engagea M. Ternaux et ses associés à poursuivre en contrefaçon plusieurs de ces fabricans. Ils reconnurent tous la priorité du travail et la validité du brevet: vingt-sept sur vingt-huit signèrent la transaction qui fut faite à cette occasion. Un seul éleva des difficultés sur l'interprétation à donner à un article de la loi, et prétendit que la saisie ne devait avoir lieu qu'après la preuve acquise de la contrefaçon; il fut appuyé par le maire, le sous-préfet, le préfet du département et le ministre de l'intérieur. Le juge-de-paix, qui était d'un avis contraire, fut soutenu par le procureur du tribunal et le ministre de la justice. Ce conflit est encore pendant au Conseil d'état. On n'était pas alors

qui ne sont point initiées dans le travail de la laine, nous allons en développer les motifs.

Pour faire ce tissu moelleux et solide, il faut que la chaîne, très-douce, puisse faire corps avec le remplissage, se feutrer avec lui, au lieu de se couper, par le frottement, à l'usage et au lavage, comme il arrive lorsque la chaîne est dure ou composée d'un filament différent, tel que la soie; mais alors le tisseur doit se résigner, en se donnant plus de peine, à ne faire dans le même laps de temps qu'un tiers ou un demi-mètre par jour, au lieu d'un mètre et d'un mètre et demi, parce qu'en frappant le remplissage sur la chaîne tendre, les fils casseront quatre fois plus, et qu'alors, tout en faisant un tissu qui aura coûté bien plus cher, ce tissu aura cependant moins d'apparence qu'un autre fait sur une chaîne ferme et qui aura coûté la moitié moins. La main-d'œuvre joue donc le principal rôle dans la contexture de l'étoffe mérinos; mais personne ne veut payer 20 francs un tissu qui produit moins d'effet que celui dont

---

comme aujourd'hui familiarisé avec les brevets d'invention, que l'on considérait comme des priviléges nuisibles à la Société, tandis qu'ils sont un des plus puissans pivots sur lequel repose le développement de l'industrie, et on a regardé comme une bonne politique de laisser dormir le procès, afin de ne pas voir, a-t-on dit, des milliers d'ouvriers sans travail, d'être obligé de réprimer une sédition, etc. Il était pourtant bien évident que rien de tout cela ne serait arrivé, puisque dans le cas où M. Ternaux et Cie. ne les eussent pas occupés, ils laissaient leurs confrères continuer leur fabrication, pourvu qu'ils la fissent bonne; mais ils tenaient d'autant plus à cette condition, que c'était le seul moyen de faire prévaloir cette étoffe, qu'ils avaient créée, qui devait enrichir la France, et imprimer un si grand développement à son industrie.

le prix n'est que de 16 et 18 francs : on est donc forcément obligé de renoncer à faire bien et avec perfection cette étoffe, qui a donné tant de supériorité à notre industrie, puisque c'est aujourd'hui presque le seul tissu de laine que nous puissions exporter avec succès en Angleterre en y acquittant les droits exigés par le nouveau bill (*k*).

C'est encore cette malheureuse propension que nous avons de donner la préférence à ce qui est bon marché et apparent, sur ce qui est plus solide et plus cher, qui va perdre aujourd'hui la fabrication du tissu de cachemire, pour laquelle nous avons la supériorité sur le monde entier (1). Les marchands font compter

---

(1) Ce fut lors de l'expédition d'Égypte que les dames françaises commencèrent à porter des schalls de Cachemire. Envoyés par les généraux de l'armée d'Orient, ces précieux tissus furent bientôt à la mode.

M. Ternaux chercha à les imiter par l'emploi des laines mérinos, mais cette matière, quelque perfection qu'on apportât dans le travail, ne put donner de bons résultats. Il fallait le cachemire. Ce duvet était si peu connu alors en France, qu'une discussion s'éleva sur sa nature à l'Académie des sciences : on ignorait même jusqu'au nom de l'animal qui le produisait. M. Ternaux chargea un de ses voyageurs en Russie de découvrir quel pouvait être ce lainage et de se rendre à cet effet à la foire de Makariew, rendez-vous général des marchands de l'Asie. Un Arménien en fit voir à ce voyageur un échantillon, et lui en apporta, l'année suivante, soixante livres, qui furent envoyées à Paris et qui servirent à faire des essais aussi coûteux que peu satisfaisans. Ils furent contrariés par la guerre de 1807, laquelle avait été précédée du naufrage du navire qui portait un second envoi de ce duvet. Renouvelés à l'époque de la paix de Tilsitt, ils obtinrent plus de succès, et enfin la maison de Reims con-

avec complaisance aux dames le grand nombre de croisures renfermées dans un quart de pouce de ce tissu, croyant prouver ainsi la bonté de la fabrication,

---

nue sous le nom de Jobert, Lucas et compagnie, parvint à fabriquer avec ce lainage des tissus qui rivalisent ceux de l'Inde.

Pressentant que le goût des cachemires se répandrait de plus en plus en Europe, M. Ternaux comprit combien il serait avantageux d'en faire un produit indigène, et il ne laissait échapper aucune occasion de réaliser cette idée. Ayant remarqué que dans les ventes faites en Russie on qualifiait de *laine de Perse* la matière qui servait à cette fabrication, il interrogeait les voyageurs venant de cette partie de l'Asie. L'un d'eux l'ayant assuré que lors de ses expéditions, le fameux Thamas Kouli-kan, schah de Perse, avait ramené du Thibet trois cents animaux portant la laine à schalls et qu'ils s'étaient multipliés dans le royaume de Caboul, le Candahar, la Grande Bulgarie et jusque dans la province de Kerman, il conjectura que si ces animaux, originaires d'un pays dont la température est au-dessous de celle du 42e. degré de latitude et beaucoup plus froide que celle de France, avaient pu prospérer sous un climat aussi brûlant que celui de province de Kerman, située sous le 30e. degré de latitude, ils pourraient se naturaliser facilement dans nos départemens.

Il restait à vérifier si les espèces de Perse et du Thibet donnaient les mêmes produits.

Dans cette vue le capitaine Baudin, parti pour Calcutta en 1814, fut chargé d'y acheter de la laine du Thibet. Il en rapporta, en 1815, quelques petits ballots provenant directement de cette contrée. La comparaison qui en fut faite avec la laine de Perse confirma les faits avancés.

On vit dès-lors qu'il serait possible de se procurer les animaux produisant ce précieux duvet dans un pays beaucoup plus rapproché que le Thibet; mais il ne suffisait pas d'avoir cet espoir, ni que le deba de Gorlhook ne refusât pas de les lais

et vendre plus facilement et à plus haut prix. Séduites par cette apparence, sur laquelle, au reste, je pense que les marchands détaillans sont de bonne foi, les femmes préfèrent ces tissus sans s'apercevoir qu'ils feront moins d'usage, parce que le remplissage étant beaucoup plus fin que la chaîne et glissant sur elle, le tissu s'éclaircira plus facilement et durera moins de temps; elles ignorent que ce qu'on regarde communément comme une perfection du tissu n'en est au contraire

---

ser sortir de ses états, il fallait encore trouver un de ces hommes rares, qui, par leur courage et leur habileté, savent triompher des obstacles, et que, par la connaissance des langues orientales et l'habitude des voyages longs et périlleux, cet homme pût réussir dans une semblable entreprise. M. Ternaux trouva l'assemblage de ces qualités dans la personne de M. Amédée Jaubert. Ce n'était pas tout encore : il fallait de plus rencontrer un ministre capable d'apprécier le mérite d'une telle importation et d'associer le Gouvernement à une opération aussi éminemment utile, mais au-dessus des forces de simples particuliers. Aucun autre ne le pouvait peut-être mieux que M. le duc de Richelieu. La haute considération qu'il s'était justement acquise dans les provinces méridionales de la Russie; sa puissante intervention auprès des ministres de S. M. l'empereur Alexandre étaient d'indispensables auxiliaires. Aussi, grâce à ses recommandations et à l'appui du général Yermoloff, M. Jaubert put surmonter d'incroyables difficultés; mais ce ne fut qu'après plusieurs mois de peines et de fatigues, après avoir bravé la faim, la soif et les loups du désert à travers des peuplades à demi civilisées et avoir vu périr en route un nombre considérable des animaux qu'il ramenait, que ce savant put embarquer à Kaffa, en Crimée, un troupeau de chèvres de Cachemire que l'on vit arriver à Marseille dans le cours de l'année 1819.

Ainsi fut introduite en France la race thibétaine.

qu'une dégradation, excitée par le meilleur marché où revient l'étoffe au fabricant. Quand on calcule sur les cachemires et mérinos le nombre de croisemens en remplissage ou en trame, on devrait le calculer également en chaîne : alors le consommateur serait convaincu que les tissus qui sont les plus solides et qui feront le plus long usage sont ceux dont la chaîne est semblable au remplissage, soit pour l'identité de la matière, soit pour la finesse, soit pour le tors des fils.

Pourquoi a-t-on abandonné les schalls de laine sur montures ou chaînes de coton d'abord, de soie et de bourre de soie ensuite? Ce n'est pas que les schalls de pure laine ou de pur cachemire fussent plus apparens, c'est parce qu'on a reconnu leur usage préférable, et bien qu'achetés plus cher, ils revenaient en définitive à meilleur marché. Il n'en serait pas de même si les fabricans se bornaient à mettre du fil de coton pour le broché sur les palmes, puisqu'alors sans nuire à l'effet, à la solidité, ni à la durée du schall, il y aurait une grande économie dans le prix de fabrication; mais alors les fabricans et les marchands qui se respectent doivent en prévenir le consommateur et vendre ces schalls en conséquence de cette économie.

CHAPITRE IX.

DE LA VENTE DES LAINES.

On sait que ce commerce est sujet à des variations provenant de ce que tantôt la production est supérieure à la consommation, et que d'autres fois celle-ci l'emporte : s'il en résulte un surhaussement de prix dans la dernière hypothèse, il y a une baisse de la marchandise dans la seconde, et quoique, par la force des choses et dans l'intérêt général, le niveau ne tarde pas à se rétablir, l'agriculture ou l'industrie peut languir par suite d'une excessive activité. Cette observation appartenant à un traité d'économie politique, je renverrai ceux qui ne trouveraient pas mon assertion assez développée aux ouvrages de M. J.-B. Say, en observant seulement que, même dans les deux années qui viennent de s'écouler, si le prix des laines fines est tombé au-dessous de ce qu'il n'a jamais été, celui des très-belles et tout-à-fait superfines s'est soutenu; et qu'en janvier et février 1827 on a vu vendre 22 fr. le kilogramme des laines de Saxe électorale lavées à froid, et perdant 35 pour 100 au dégraissage, tandis qu'on ne pouvait pas obtenir plus de 16 francs des plus belles laines de France lavées à chaud, ne perdant que 6 à 7 pour 100; ce qui fait, comme l'on voit, une différence de près de moitié. Il est à remarquer encore que les laines d'Espagne les plus fines ne pouvaient se vendre 9 francs le kilogramme. On peut consulter les mercuriales des marchés depuis vingt ans, et l'on verra que la gradation dans les prix a toujours été plus sensible, malgré que progressivement les laines fines soient devenues plus abondantes. J'ai vu, il y a quarante années, la laine d'Espagne se conserver au premier rang pour le prix, bien qu'elle eût déjà perdu ce rang aux yeux des connaisseurs par le croisement des races saxonne et de Rambouillet: mais ce n'est guère que de 1796 à 1804 que la distinction est devenue sensible; depuis, elle s'est accrue successivement jusqu'à 1827, tellement que si, en 1810, les trois espèces de laines mérinos de Saxe, de France et d'Espagne, dégraissées et purgées au même degré, ont valu, dans les manufactures de Sedan, Louviers et autres, presque le même prix, il est ensuite devenu extrêmement différent, comme on va le voir dans le tableau qui suit :

	1801	1810	1816	1820	1823	1824	1827
Laine d'Espagne superfine, le kilogr.	24	20	16	12	10	10	9.
Laine de France, *id.*	18	22	22	24	15	18	20.
Laine de Saxe électorale, *id.*	16	20	23	25	21	29	34.

Et aujourd'hui même que les laines mérinos françaises de la plus belle qualité ne peuvent se vendre au prix de l'année dernière, les laines de Saxe électorale sont déjà toutes achetées par des Anglais avec une augmentation sur les prix de l'année 1826. Si les manufacturiers français en veulent, il faudra, comme cette année, qu'après avoir épuisé ce qu'il y a de mieux en France ils aillent acheter en Saxe le rebut que l'Angleterre leur aura laissé, à un prix déjà exorbitant, augmenté encore d'un droit d'entrée de 33 pour 100 de la valeur, ou bien ils devront renoncer, comme plusieurs l'ont déjà fait, à la fabrication des draps superfins. Ces draps, par la fausse mesure du ministère (*l*), se feront désormais dans le royaume des Pays-Bas et en Angleterre, à l'exception de ceux indispensables aux besoins de la France, dont l'importance sera toujours assez grande pour réclamer une partie de cette laine superfine; mais quand bien même nous serions privés de nos débouchés à l'étranger, loin de perdre courage dans la carrière de l'amélioration par le croisement avec les races superfines, les agriculteurs français devraient redoubler d'ardeur, dans leur intérêt et dans celui de la France. Les efforts multipliés que font les nations étrangères, les Allemands sur-tout, pour perfectionner leurs races, doivent les en convaincre. Lorsque la Pologne, la Russie, la Crimée, l'immense continent des Amériques seront couverts de mérinos, et produiront sur les marchés d'Europe une énorme quantité de laine demi-fine (1), que feront nos propriétaires en voyant le prix de leurs laines, qu'ils croient superfines et qui ne sont que de moyenne finesse, s'avilir encore par la concurrence? Ils renouvelleront les plaintes qu'ils forment depuis dix ans (*m*) : on prohibera l'entrée des laines étrangères; mais alors on prohibera aussi nos manufactures de laine, notre industrie plus qu'on ne l'a fait encore, et en forçant le prix de nos draps pour l'étranger, qui ne les achetera plus, on ruinera également nos ventes à l'intérieur par la diminution de la consommation et par l'introduction en contrebande des produits anglais et belges, dont les bas prix, comparés aux nôtres, favoriseront l'introduction. Nous renoncerons à élever des moutons : dès-lors plus de nourriture pour le consommateur, plus d'engrais

---

(1) Il est presque impossible d'obtenir la superfinesse dans de nombreux troupeaux. C'est le partage des propriétaires attentifs qui peuvent soigner le choix et le croisement de 3 à 400 bêtes, mais non de grands seigneurs étrangers, possesseurs de piles de 10 à 12,000 têtes. Nous n'avons donc pas à craindre de long-temps le bas prix des laines extra-fines; mais le moment approche où l'Europe sera encombrée de laines mi-fines. Il faut donc s'attacher de plus en plus à perfectionner les troupeaux, pour ne pas avoir à redouter la concurrence de la Russie et des Amériques.

pour nos terres (1) et le dépérissement au lieu de la prospérité.

Mais en s'attachant à la perfection saxonne, on remédierait au mal qui s'aggrave chaque année : les toisons atteindraient le degré de finesse désirable, et se vendraient d'autant plus avantageusement qu'elles deviendraient alors plus rares (*n*) : les fabricans n'étant plus obligés d'aller chercher à l'étranger les laines qu'ils trouveraient désormais en France, mettraient à ces dernières un prix plus élevé, et les propriétaires seraient ainsi dédommagés de leurs avances. Ne vaut-il pas mieux, par un calcul bien entendu, des soins assidus et des efforts généreux, se soustraire à ce dépérissement qui menace notre agriculture et nos manufactures à-la-fois?

CHAPITRE X.

OBSTACLES QUI S'OPPOSENT A LA PROPAGATION DES MÉRINOS.

La difficulté de vendre la laine à un cours régulier n'est pas très-grande pour les propriétaires ou culti-

(2) On doit considérer le mouton comme l'animal le plus précieux pour obtenir des engrais. Presque toutes les cultures en exigent beaucoup et n'en fournissent point, tandis que l'élève des bêtes à laine, celle des bœufs, des vaches, des chèvres en exigent peu ou point et en produisent beaucoup : ce serait donc une question de savoir si le mouton ne rapportant rien en laine et en viande on pourrait encore s'en passer.

vateurs des environs de Paris ou qui habitent les départemens voisins de cette capitale, tels que Seine-et-Oise, Seine-et-Marne, Oise, Marne, Loiret, etc.; mais ceux qui sont placés hors de ce rayon en éprouvent davantage. En voici la raison : les marchands de laine et les fabricans qui parcourent continuellement ces départemens pour faire leurs achats établissent, par la concurrence, la valeur réelle que doit avoir la laine, relativement à son emploi. Ne voyant point ou voyant très-rarement les acheteurs de laines fines, cet avantage n'existe pas pour les propriétaires des départemens éloignés, qui sont obligés d'envoyer leurs laines à des commissionnaires dans les lieux de fabrique ou dans les grandes villes : alors outre l'embarras qu'ils éprouvent de bien placer leur confiance, cet envoi nécessite des frais considérables de transport sur une marchandise qui, au premier lavage, perd les deux tiers et souvent les trois quarts de son poids; si, pour éviter cette perte qu'on peut évaluer à 3 et 4 sous par livre de laine lavée, quelquefois 5 ou 6, selon la distance de Paris, où le cours est plus fixe et plus régulier qu'ailleurs, le propriétaire essaie de faire le classement, le triage et le lavage de sa laine pour l'envoyer directement à un fabricant, il en éprouvera de plus fortes encore par les causes que je vais indiquer.

Quel que soit le degré d'amélioration d'un troupeau de mérinos, il y a toujours une grande différence de finesse entre les toisons; par cette raison, elles subissent un classement, qui, pour l'ordinaire, se divise en cinq ou six parties. Celui que l'on charge de cette opération doit joindre à beaucoup de pratique une longue expérience, puisque la connaissance de la laine ne s'acquiert qu'en se livrant continuellement à ce travail. Un cultivateur ne s'en occupant qu'une fois par an, lors de la tonte, ne peut donc faire ce classement lui-même.

Le triage vient ensuite; il consiste à séparer toutes les parties de la toison qui sont très-inégales, à mettre ensemble la laine des flancs et des épaules, celle du dos, du ventre, des cuisses, du cou, des pates, dont chacune forme des qualités différentes au nombre de cinq ou six. En multipliant ces cinq qualités par six on aura trente qualités de laine, qui ont des emplois différens dans la fabrication des étoffes. Quelque nombreux que soit un troupeau, jamais il ne le sera assez pour former ni ce que l'on appelle en Espagne une *pile*, en France une *partie*, ni même quelques balles de laine. Dès-lors il existe une grande difficulté pour vendre ces petits lots à un fabricant qui, dans son intérêt, n'emploie ordinairement qu'une seule sorte de laine pour le genre de fabrication qu'il a adopté; et s'il consent à acheter ces diverses petites parties, il ne le fait que quand il y est déterminé par un bas prix, étant presque toujours obligé de revendre dans une autre fabrique ce qu'il ne lui convient pas d'employer.

Les frais du lavage sont, à la vérité, peu dispendieux; mais ils nécessitent un grand nombre d'instrumens et un emplacement propre à cette opération, qui, en résultat, ne réussit presque jamais aux particuliers.

Pour remédier à ces inconvéniens, on a imaginé, à plusieurs reprises, d'instituer des lavoirs publics. Aucun n'a réussi, peut-être parce que la plupart de ceux qui y ont envoyé leurs laines ont été peu contens des résultats obtenus. En effet, comme je l'ai dit plus haut, quelque considérable que soit un troupeau, il ne l'est jamais assez pour que la laine des qualités inférieures puisse faire séparément une balle (1). Aussi pour rendre ces laines vendables à un fabricant il faut qu'elles soient mêlées avec d'autres; car à moins de huit à dix mille toisons lavées en même temps on ne peut vendre avec avantage.

Toutes ces considérations prouvent qu'un propriétaire éloigné de la capitale fait encore mieux d'envoyer, immédiatement après la tonte, ses laines au loin à un commissionnaire, s'il ne préfère les vendre à un marchand laveur, que de procéder chez lui au triage et au lavage de ses toisons.

Il serait à désirer pour les propriétaires de troupeaux qu'il fût établi une grande foire ou un marché général, à une ou plusieurs époques de l'année, qui mettrait les vendeurs et les acheteurs en communication d'une manière plus directe. Le Gouvernement ou une compagnie, en fournissant un local assez vaste pour recevoir la laine de toutes les parties de la France, rendrait un grand service à l'agriculture. Cette foire existe

---

(1) Exemple : douze cents toisons produiront 1,200 kilogr. de laine lavée à fond, divisés en six qualités de 200 kilogr. chaque; dans ces 200 kilogr. de laine lavée, 10 ou 15 livres proviendront des pates, 30 des cuisses, 60 du dos ou des saillies, 40 du cou, 120 du ventre et enfin 160 du flanc et des épaules. A peine si avec ces douze cents toisons on peut faire deux balles de laine de la qualité qui en donne le plus, à plus forte raison ne le fera-t-on point de celles qui en fournissent le moins.

bien jusqu'à un certain point à Rambouillet, à Saint-Denis, aux marchés de Chartres, de Châteauroux, de Meaux, de Brie, de Dourdan; mais ces lieux de vente sont trop divisés pour qu'il puisse s'y établir un cours régulier : néanmoins, dans l'état où ils se trouvent, ils rendent encore des services qu'il serait injuste de méconnaître.

Il résulte de ce que je viens de dire que l'assortissage, le triage, le lavage des laines exigent un intermédiaire entre le producteur et le fabricant, et que loin de s'élever contre les marchands laveurs on doit reconnaître que la force des choses rend leur concours nécessaire. Il est à souhaiter qu'il s'en établisse un grand nombre et sur-tout de très-riches, en état de faire des avances aux propriétaires et du crédit aux manufacturiers, comme cela existait en Espagne lorsque la production des laines était dans une splendeur exclusive. S'il fallait d'ailleurs appuyer l'utilité de ce commerce de marchands laveurs par un fait reconnu de tous les bons fabricans, mais qui n'est pas encore assez généralement apprécié, c'est que la laine ne peut être bien dégraissée qu'après avoir subi plusieurs mois de balle en suite du premier lavage, afin de laisser au suint que la laine conserve encore le temps de fermenter pour être expulsé de nouveau avec facilité. Ce que j'aurais à ajouter appartenant à l'art du manufacturier, je m'abstiendrai d'observations ultérieures.

CHAPITRE XI.

DE LA COUVERTURE DES MOUTONS.

Depuis plusieurs années, il s'est élevé, tant en France qu'en Allemagne, entre des cultivateurs, des marchands de laine et des manufacturiers, une discussion sur le plus ou moins d'avantage qu'il y aurait à couvrir constamment, ou du moins neuf mois de l'année, les bêtes à laine d'une toile. Des expériences ont été faites à cet égard dans les deux pays; mais soit qu'elles n'aient pas été assez multipliées, soit qu'on ne les ait pas suivies avec assez de soins, jusqu'à présent aucune opinion n'a prévalu.

Un seigneur saxon, dont les mérinos avaient été garantis de la pluie, de la poussière et de l'ardeur du soleil, au moyen d'une espèce de casaque, m'en avait envoyé la tonte pour connaître mon opinion sur ses laines. Je les ai fait travailler et j'ai reconnu que les toisons étaient incontestablement plus propres, plus blanches qu'elles ne le sont ordinairement; les laines m'ont paru aussi avoir plus de force, et donner moins de déchet; si elles avaient un peu moins de finesse, leur grain était plus lisse, plus plat et moins crispé. J'ai fait avec cette laine des schalls plus blancs que ceux fabriqués jusqu'alors avec des laines n'ayant pas été couvertes.

Mais en couvrant les moutons obtiendra-t-on de la toison un prix qui puisse compenser les frais qu'entraîne ce nouveau traitement? Je pense qu'il en serait ainsi pour celui qui emploie la laine et non pour le producteur ou le marchand, parce qu'un dédommagement d'un florin ou de deux francs par couverture ne sera accordé par les manufacturiers que quand ils auront acquis la certitude de retirer en fabrication un équivalent de ce surhaussement de prix. Au reste, une valeur plus grande de la toison ne serait peut-être pas le seul avantage que l'on recueillerait en couvrant le mouton d'une toile; elle le garantirait du froid, de la neige et de la pluie, et sur-tout de l'humidité: alors la santé de l'animal serait plus assurée; on pourrait le faire parquer plus long-temps; il ne perdrait aucune partie de sa toison en passant contre les haies ou les portes, sa laine serait plus blanche, plus susceptible de mieux se laver, se dégraisser et recevoir de plus vives couleurs; enfin il est probable que, moins fatiguée à son extrémité, elle s'userait avec plus de peine, que le tube moins chargé d'ordures s'allongerait plus facilement, et que cette propreté, jointe à la chaleur, ferait pousser la laine bien plus vite et en plus grande abondance.

Mais n'est-il pas à craindre aussi que, privé d'air, le mouton ne se trouve en quelque sorte étouffé dans cette enveloppe, et que s'il est moins susceptible d'attraper la gale, il soit plus sujet aux coups de sang? Plus on réfléchit sur cette innovation en agriculture, plus on balance les raisons pour et contre, plus on voit que le sujet mérite d'être étudié, et qu'il est à désirer qu'il soit fait de nouvelles expériences, que de mon côté je vais commencer sur mes troupeaux à Saint-Ouen et ailleurs.

NOTES.

(*a*) Page 14.

Voyez la notice lue dans la séance du 30 mars 1825 de la Société d'encouragement pour l'industrie nationale, et insérée au *Bulletin* de cette Société, N°. CCXLVIII.

(*b*) Page 14.

Lorsque M. le duc de Richelieu était président du Conseil des ministres, je l'avais engagé à faire choisir dans les écoles vétérinaires et d'agriculture trois sujets instruits, et de les faire voyager chaque année dans un ou plusieurs départemens sous la direction d'un homme expérimenté, joignant la théorie à la pratique : pendant huit mois de l'année, ils auraient parcouru ensemble, à pied, les communes les unes après les autres, commençant par celles cadastrées. Ces quatre individus, après avoir étudié avec attention les terroirs, auraient consigné, dans un registre déposé chez les maires, leurs observations approbatives ou critiques sur la culture adoptée par chaque propriétaire ou fermier, en y ajoutant des conseils motivés sur les moyens de tirer un meilleur parti des terres, soit en augmentant les engrais et en changeant les semences, soit en se livrant à l'éducation des bestiaux, en désignant l'espèce convenable à la localité et en fixant approximativement la quantité possible à élever, etc. Sûrement, disais-je, on ne peut pas prétendre que chaque cultivateur suivra d'abord les conseils de la commission voyageuse d'agriculture ; mais n'y en eût-il dans chaque commune que deux ou trois qui les adoptassent, cela suffirait pour couvrir l'état des faibles dépenses qu'elle occasionnerait, et à mesure que les autres cultivateurs verraient leurs voisins s'être bien trouvés de ces conseils, ils iraient à la mairie consulter le registre, et profiteraient à leur tour des instructions écrites.

On doit penser que les membres de cette commission s'attacheraient à consigner avec d'autant plus de clarté, de prudence et de savoir leurs avis sur le registre d'agriculture, que leur honneur, leur réputation, leur avenir y seraient en quelque sorte engagés. Il serait permis à chaque agriculteur qui aurait suivi les conseils de la commission de déposer une note, signée de lui, expliquant s'il s'en est bien ou mal trouvé. Quelques années ensuite, la même commission, en totalité ou seulement en partie, repassant dans les mêmes lieux, y recevrait les approbations ou les reproches des cultivateurs qui auraient mis en pratique ses avis, et ce retour sur les lieux serait une punition ou une récompense. Quand ces jeunes gens auraient fait leurs preuves et acquis une réputation méritée, ils deviendraient chefs de commission.

On comprend que le succès d'une telle mesure dépend entièrement du choix des hommes propres à l'exécuter ; que s'ils sont ce qu'ils doivent être le bien qu'ils peuvent produire n'est pas comparable aux dépenses qu'ils nécessiteront, car l'on peut se borner d'abord à une seule commission comme essai, et ne les multiplier qu'après en avoir apprécié les avantages.

M. le duc de Richelieu avait goûté cette idée et l'aurait sûrement mise à exécution, ainsi que quelques autres que je lui avais communiquées, si la politique et la mort n'étaient venues l'enlever à la France, à laquelle sa probité et son amour pour le bien public l'avaient rendu cher.

(*c*) Page 20.

Quel que soit le prix que le cultivateur puisse obtenir de ses laines annuellement, ou tous les six ou sept ans de la vente de ses moutons, il est certain que le profit qu'il retirera de leur élève dépendra du plus ou du moins de facilité qu'il aura eu de les nourrir et de son système d'économie.

On ne peut disconvenir que la manière la moins coûteuse d'élever les moutons est de les faire pâturer le plus longtemps possible et de ne les nourrir à la bergerie que quand on ne peut faire autrement, soit à cause des pluies, des neiges ou d'un froid trop rigoureux, soit parce que la terre couverte de récoltes ne permet pas d'y conduire ces animaux. J'ai reconnu combien il était utile de disposer les cultures de manière à pourvoir à ce besoin dans les temps de l'année où les moutons ne peuvent vivre aux champs, et principalement au commencement du printemps. A part les prairies artificielles, les luzernes, qui, en toutes saisons, sont de la plus grande ressource, les seigles, les avoines, pour être mangés en herbe, sont les semences les plus productives et celles que je préfère: alors, la végétation étant très-active, une quinzaine d'arpens suffit pour alimenter un troupeau de 250 à 300 moutons, jusqu'au moment de l'enlèvement des foins. Je fais ensuite labourer et semer des pommes de terre, des betteraves ou des turneps, nourriture d'hiver excellente pour toute espèce de bestiaux.

On verra, par le tableau ci-joint des consommations des troupeaux de M. Dailly, combien ce moyen est efficace pour rendre supportables les frais de nourriture à cette époque de l'année.

(*d*) Page 30.

Les observations que j'ai faites au microscope solaire me donnent à penser que c'est intérieurement que le suint se produit au milieu des barbules que l'on aperçoit comme adhérentes au tube interne de la laine de la même manière que la moelle dans les os, et que c'est en arrivant à l'extrémité du filament que cette matière se durcit. Ce fait appartient à l'histoire naturelle et à la science physiologique; on ne peut assez le recommander à l'examen des savans, comme important à connaître pour l'élève des troupeaux.

(*e*) Page 33.

Pour construire mes bergeries j'ai fait couper dans mon parc des baliveaux de 7 à 8 pouces de diamètre, qui ont donné des colonnes de 9 pieds de hauteur; ces colonnes reposent sur des dés ou petits massifs en pierre d'un pied, enterrés à 4 pouces; elles sont, ainsi que les traverses qui les lient entre elles, revêtues de leur écorce, qui se conserve très-bien et dispense le bois de toute peinture, lorsqu'on fait la coupe des arbres en novembre et décembre; les chevrons en rondins sont soutenus par les colonnes et supportent le faîtage couvert de chaume en paille, que l'on peut remplacer par du roseau ou du jonc. Ce faîtage forme une saillie de 15 à 18 pouces en manière de corniche, ce qui aide au renouvellement de l'air et facilite à fermer complétement la bergerie sans frais et sans peine. Cette fermeture est faite en bois de bateau, à 1 pied 6 pouces de la traverse supérieure: elle ne clôt pas, il est vrai, hermétiquement; mais par cette raison elle sert au renouvellement de l'air. Les râteliers sont fermés par-dessous pour éviter que l'animal salisse sa toison et pour le garantir de l'incommodité du vent.

(*f*) Page 33.

J'ai guéri la gale par des fumigations de soufre faites suivant le procédé du docteur Galès.

Je me sers d'un appareil qui ne coûte pas 50 fr. Il consiste en une caisse de bois divisée par moitié, l'une couvrant l'autre, garnie de papier en dedans et laissant une ouverture pour faire passer la tête de l'animal. A cette ouverture est attaché un cuir fermant avec une coulisse; ce cuir donne la facilité de serrer à volonté le cou de l'animal, empêche qu'il sente la vapeur du soufre et ne lui permet pas de déranger. La caisse, posée sur deux supports élevés de 2 pieds 6 pouces, laisse au-dessous la place d'un petit réchaud pour faire brûler le soufre; un entonnoir renversé reçoit la vapeur, qui s'exhale par son tube et pénètre dans la caisse; elle passe en premier sous le ventre de l'animal, que l'on garantit de la chaleur en plaçant à une distance de 3 pouces du tube de l'entonnoir une petite planche; la vapeur se répand alors dans toute l'étendue de la caisse. Sur le dessus de cette caisse est pratiqué un trou, qui s'ouvre et se ferme avec un bouchon de liége; par ce moyen on facilite l'aspiration de la vapeur, qui, par un séjour plus ou moins prolongé, devient aussi épaisse qu'on le juge à propos.

La première fumigation suffit pour que l'animal ne puisse plus communiquer la gale. Après la troisième ou quatrième il est ordinairement guéri. Ce mode de traitement est moins dispendieux que les procédés employés jusqu'ici, et qui nuisent plus ou moins à la beauté de la toison et à la santé de l'animal.

(*g*) Page 35.

Il ne faut pas cependant faire comme un grand propriétaire, qui me disait un jour, avec une sorte de mystère, que par la vente de la laine de ses troupeaux, dont il avait depuis long-temps amélioré la race, il avait augmenté son revenu de 20 à 25,000 francs, et qu'il s'accroîtrait encore s'il pouvait obtenir une vente avantageuse de la provenance de ces mêmes troupeaux, mais que ses voisins s'obstinaient à conserver leur mauvaise race. Comment, lui répondis-je, n'ont-ils pas été séduits par l'exemple des profits que vous leur avez dit avoir retirés de vos croisemens? Quant à cela, reprit-il, je me suis bien gardé de le publier. — Pourquoi? — Oh! parce que j'aurais excité la concurrence et vendu moins avantageusement mes laines par la suite; qu'on eût augmenté mes impositions; que d'ailleurs il faut bien se garder d'exciter l'envie et la jalousie; qu'enfin plus on vous voit riche, plus il faut donner et dépenser. — Tout cela est vrai, répliquai-je de nouveau, dans beaucoup de circonstances, mais non dans celle-ci, où les inconvéniens attachés à la publicité disparaissent devant la certitude d'augmenter sa prospérité par la publicité même. En effet, si vous aviez publié et démontré les avantages que vous avez obtenus par la substitution de race et si vous le faisiez même encore, peut-être vos voisins qui se refusent à améliorer leurs troupeaux, dans la crainte d'y trouver plus de perte que de profit, ayant acquis la certitude des gains que vous vous êtes procurés par le croisement de votre ancienne race, se détermineraient-ils à vous imiter; ils vous achèteraient à l'avenir les provenances que vous ne pouvez trouver à vendre; dès-lors en augmentant les revenus du pays vous accroîtriez les vôtres.

(*h*) Page 38.

C'est à l'usage de cet ustensile que la France doit la supériorité qui lui est actuellement acquise sur les tissus de cachemire. Pour l'égalité du travail, la finesse et la modicité du prix, notre fabrication l'emporte aujourd'hui sur celle de l'Inde, puisque les tissus de cachemire sont un des meilleurs objets d'exportation de France pour Calcutta.

(*i*) Page 38.

Ces peignons ou débris de peigne, nommés généralement *blouse* par les fabricans, sont employés très-utilement pour les étoffes drapées à feutre, lorsqu'on les a fait passer sous la machine à carder.

(*j*) Page 39.

Quelques personnes ont pensé que pour obtenir de la laine longue et fine il ne fallait tondre le mouton mérinos ou métis que tous les deux ans. En laissant croître ainsi la laine, elle acquerra, à la vérité, moitié et même deux tiers de plus en longueur; mais la santé de l'animal en souffrira, et le poids de la toison de deux ans sera plus faible que celui de deux tontes réunies. De cette méthode résulte un inconvénient plus grave encore: le passage d'une année à l'autre, c'est-à-dire de la nourriture d'hiver de la bergerie avec celle de deux étés au parc, ou seulement le jour en plein air, est tellement marqué par l'allongement, la maigreur, la faiblesse du tube filamenteux, au moment de la croissance d'hiver, que cette laine ne peut être employée avec succès pour le peigne: elle se rompt facilement et perd ainsi la qualité qu'on voulait lui donner. D'autres personnes prétendent que l'on ferait mieux de tondre deux fois par an; elles auraient également tort. Outre les craintes relatives à la santé du mouton, qui se reproduisent ici d'une autre manière, la laine serait plus courte, plus revêche, moins fine, ce que ne compenserait pas le plus de quantité que rendrait la double tonte.

(*k*) Page 42.

Quelque temps avant la fin du ministère de M. le duc de Richelieu, je lui avais remis une note contenant plusieurs demandes à faire à nos consuls placés dans l'étranger, dont les réponses devaient faire connaître à nos manufacturiers et à nos négocians les types sur lesquels ils pourraient exercer les uns leur industrie, les autres leurs spéculations; elles consistaient principalement dans l'envoi de mannequins qui eussent été placés au Conservatoire des arts et métiers, ou en tout autre lieu. Ces mannequins devaient être revêtus de l'habit militaire, religieux ou bourgeois; ce dernier aurait été divisé en trois classes; le premier appartenant à la classe riche, le second à la classe moyenne et le troisième à celle du peuple.

Sur chaque partie des vêtemens de ces mannequins eût été indiqué le prix auquel ils se vendaient communément, et enfin sur chacun combien approximativement il pouvait exister d'individus dans le pays, habillés de cette manière.

Le Gouvernement aurait accordé des récompenses à ceux de MM. les consuls qui eussent, au bout d'une année, satisfait à ses demandes. Tous ceux qui s'adonnent aux travaux manufacturiers peuvent concevoir les avantages que l'on pouvait retirer d'un pareil musée. En voyant par exemple la robe, le manteau, la tunique d'un Chinois ou d'un Japonais, le manufacturier songerait à faire une étoffe analogue propre à ce vêtement, mais ou plus forte, ou plus souple, ou plus légère, moins coûteuse, plus agréable, capable enfin de lui mériter la préférence dans la consommation, par conséquent de multiplier ses travaux et ses bénéfices. Le négociant et le spéculateur auraient mieux connu généralement ce qui convient au pays où ils font leurs expéditions et n'auraient pas été autant exposés à éprouver des pertes en envoyant des objets qui ne sont pas de la consommation, ou en les y envoyant en trop grande quantité. Ces demandes et ces renseignemens pouvaient s'étendre à d'autres articles, tels qu'instrumens, etc.

Je sais très-bien que cette mesure n'aurait pu suppléer à la solidité des calculs et aux savantes combinaisons des armateurs, ni au talent et au génie des fabricans; mais certainement ce musée eût été utile aux uns et aux autres, et encore ici les avantages auraient surpassé de beaucoup les peines qu'on se serait données pour les obtenir.

(*l*) Page 47.

Les personnes qui désireraient avoir plus de détails à cet égard peuvent consulter l'opinion que j'ai émise en

1820 à la Chambre des députés, séance du 29 avril, contre un amendement qui, proposé et adopté en 24 heures, a bouleversé tout notre système d'économie politique pour cette branche de commerce.

(*m*) Page 48.

La plupart des propriétaires de troupeaux, M. le comte de Polignac entre autres, se plaignent amèrement de ce que les fabricans de draps ne mettent plus un prix assez élevé à leurs laines. Cependant ils ont sollicité et obtenu successivement du Gouvernement :

1°. La sortie des laines de France, permission qui n'existait plus depuis cent dix ans ;

2°. Un faible droit, inconnu jusqu'alors, sur l'entrée des laines étrangères.

L'établissement de ce droit et la faculté d'exporter la laine n'avaient fait qu'un tort léger à nos manufactures ; néanmoins il devint assez sensible pour être apprécié de ceux qui calculent les grands intérêts du commerce, de l'industrie et de l'agriculture ; mais il ne pouvait l'être de ceux qui, en 1820, provoquèrent une augmentation de droits sur les laines étrangères, augmentation que le Gouvernement eut la faiblesse de ne pas refuser.

Cette mesure ne fit qu'aggraver le mal. Au lieu de reconnaître la fausse route dans laquelle on était entré, MM. les propriétaires firent entendre de nouvelles plaintes, et enfin fut imposé le droit de 33 pour 100.

Ce droit énorme, loin de faire hausser la laine, eut un effet tout contraire. Aujourd'hui on ose dire qu'il n'est pas suffisant, qu'il faut prohiber les laines étrangères et supprimer les primes de sortie qui jusqu'à présent ont réparé une partie des pertes que des demandes aussi insensées ont causées à l'industrie manufacturière.

Il est prouvé que chaque fois qu'on a élevé les droits sur les laines étrangères, les laines de France ont baissé de prix ; que l'on compare le cours de nos laines depuis plusieurs années avec la marche de la législation à cet égard, et l'on verra que les plus fortes baisses ont toujours eu lieu après l'établissement des droits qui devaient protéger ce produit de nos troupeaux.

La prohibition aurait des conséquences beaucoup plus funestes encore : elle porterait la mort dans nos manufactures de lainage.

Ces Messieurs ne veulent pas comprendre que plus un objet hausse, moins il a de consommateurs ; que l'élévation du prix des draps, en en diminuant la vente, a ralenti les demandes aux fabricans ; que ceux-ci n'ont pu acheter d'aussi fortes parties de laine ; que ces laines, ne trouvant pas d'acquéreurs, sont tombées de prix, malgré l'établissement de droits *soi-disant protecteurs*. Cette valeur factice que l'on a donnée à la laine par l'impôt a été d'autant plus nuisible à l'agriculture, que cette faute a été commise dans un temps où la France était encombrée de coton, dont le bas prix a provoqué une consommation immense. Ces étoffes, fabriquées à bon marché, ont été généralement substituées pour les vêtemens et les ameublemens aux étoffes de laine. Voilà la véritable cause de la baisse des laines ; et puisque l'on voulait favoriser l'agriculture aux dépens du consommateur, ne valait-il pas mieux frapper le coton d'un droit plus fort, équivalent à celui imposé sur les laines étrangères, toutefois en augmentant le drawback dans la proportion de l'impôt à l'entrée et cela largement, comme on le pratique en Angleterre : alors on eût favorisé, avec avantage pour nos finances, le lainage de nos troupeaux aux dépens d'un produit exotique dont nous pourrions au besoin nous passer. Je ne conseille pas de prendre cette mesure, parce qu'il faut que nos filatures et nos fabriques de cotonnades prospèrent, mais non pas aux dépens de nos manufactures de laine.

(*n*) Page 49.

Cette assertion est fondée, car malgré le prix très-élevé dont les laines dites *électorales* jouissent depuis long-temps, leur production n'augmente que très-lentement ; et sur deux cent mille balles que toutes les contrées de l'Allemagne produisent, il n'y en a pas plus de cinq à six cents que l'on doive considérer comme ayant acquis la superfinesse.

FERME DE TRAPPES,

PRÈS VERSAILLES, SEINE-ET-OISE.

Consommation d'une Année.

État de la Consommation des Troupeaux pendant le mois de Juin 1827, avec le rappel antérieur des Consommations, à compter du 1er Juillet 1826.

TROUPEAU DE JOSEPH.

	[illegible]		[illegible]		[illegible]		PAILLE DE BLÉ.		[illegible]		[illegible] POUR LITIÈRE.		[illegible] POUR FOURRAGE ET LITIÈRE.		TOURTEAUX D'ŒILLETTE.		POMMES DE TERRE.		VESCE EN VERT.		SEIGLE EN VERT.	
	[illegible]	Francs.	Bottes.	Francs.	Bottes.	Francs.	Bottes.	Francs.	Bottes.	Francs.	Bottes.	Francs.	Bottes.	Francs.	Livres.	Francs.	[illegible]	Francs.	Perches.	Francs.	Perches.	Francs.
[illegible]	[illegible]	[illegible]	[illegible]	[illegible]	[illegible]	[illegible]	[illegible]	[illegible]	[illegible]	[illegible]	[illegible]	[illegible]	[illegible]	[illegible]	[illegible]	[illegible]	[illegible]	[illegible]	[illegible]	[illegible]	[illegible]	[illegible]
[illegible]	[illegible]	[illegible]	[illegible]	[illegible]	[illegible]	[illegible]	[illegible]	[illegible]	[illegible]	[illegible]	[illegible]	[illegible]	1,515	396	[illegible]	[illegible]	[illegible]	[illegible]	[illegible]	[illegible]	[illegible]	[illegible]
Totaux.	[illegible]	[illegible]	[illegible]	[illegible]	[illegible]	[illegible]	[illegible]	[illegible]	[illegible]	[illegible]	[illegible]	[illegible]	1,515	396	[illegible]	[illegible]	[illegible]	[illegible]	[illegible]	[illegible]	[illegible]	[illegible]

[illegible]

OBSERVATIONS.

[illegible]

DÉPENSES DE L'ANNÉE.

[illegible]

TROUPEAU DE TOUSSAINT.

[illegible]

DÉPENSES DE L'ANNÉE.

[illegible]

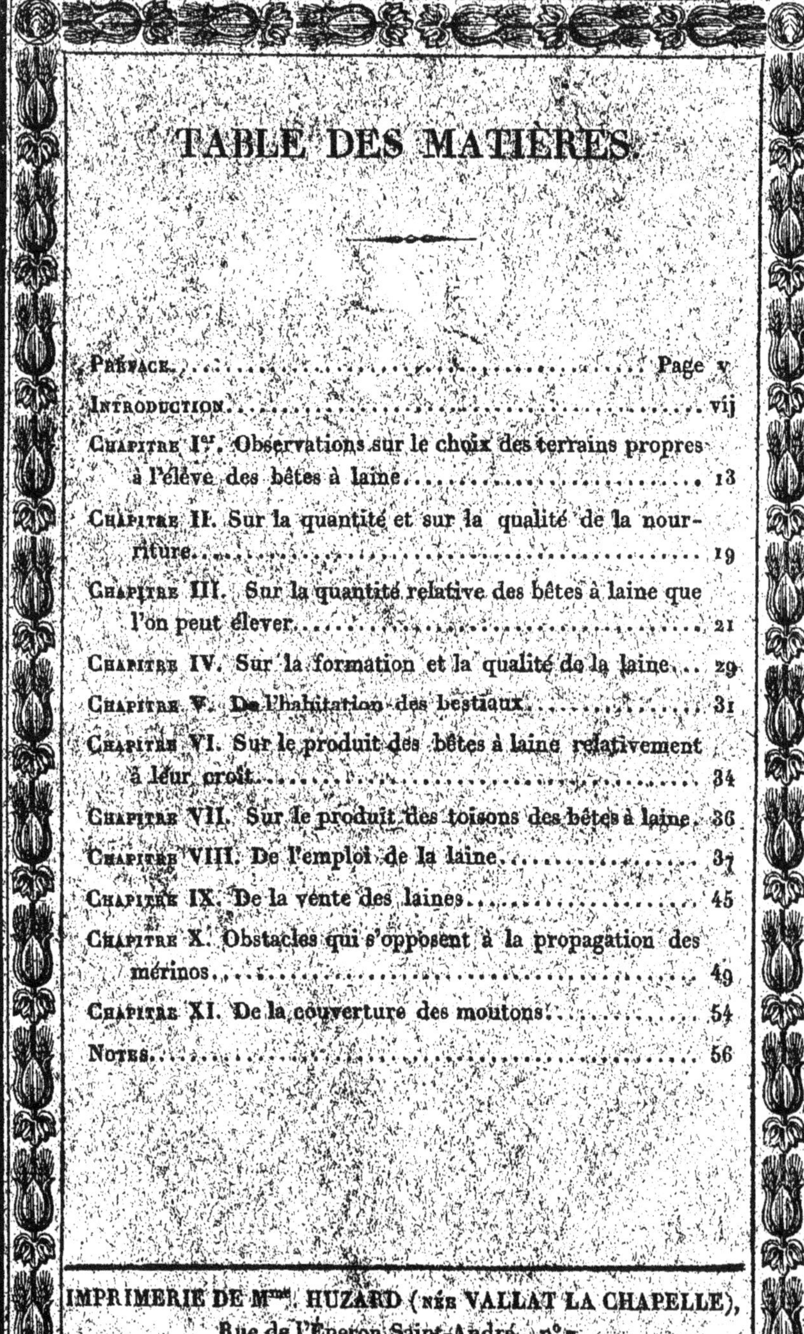

TABLE DES MATIÈRES.

IMPRIMERIE DE Mme. HUZARD (née VALLAT LA CHAPELLE),
Rue de l'Éperon Saint-André, n° 7.

www.ingramcontent.com/pod-product-compliance
Ingram Content Group UK Ltd.
Pitfield, Milton Keynes, MK11 3LW, UK
UKHW021312190726
13839UKWH00007B/1194

9 782329 590004